「音響学」を学ぶ前に読む本

坂本　真一　共著
蘆原　郁

コロナ社

まえがき

「最も嫌いな科目は音響学」「音響学は捨ててます」

これは，著者（坂本）が「補聴器と聴力検査」の講義を 15 年以上担当している学校で，言語聴覚士を目指す学生から数年前にいわれた言葉です．実際，音響学に関する基礎知識が身についていない学生が多い，という印象は以前からあったので，講義の初回は，まず音響学の基礎から入るようにしていました．

冒頭の学生の言葉が気になって，ツイッターで「音響学」を検索してみると，「音響学，わけわからん〜」「これから大嫌いな音響学の講義．気が重い〜」などのツイートが山ほど！ 公開されているプロフィールを見てみると，そのようなツイートをしている人の多くは学生で，その専攻は言語聴覚士学科，メディア系・アート系学科，音楽系学科など多岐にわたっていました．共通するのは，「音響学の専門家になるわけではないが，音響学を学ぶ必要がある学生たち」です．彼ら，彼女らの多くは，高校時代に「文系」を選択しており，理系的な記述が大部分を占める音響学の教科書を開いた途端につまずいてしまうのです．

本書は，2011 年に本書の著者らによって発刊された「サウンドとオーディオ技術の基礎知識」（リットーミュージック社）がもととなっています．この書籍は，オーディオ愛好家をメインターゲットとしていましたが，発刊後に著者のところに届くコメントの多くは，音響学に苦しむ学生たちや，そんな学生たちに音響学を教える先生方からばかりでした．どうやら，意図したのとは異なる読者層に活用されていたようです．

そこで，上記のような学生が「既存の教科書を読む前に読む本」という位置付けで本書を企画しました．数式を極力使用せず，あくまで「音の物理的なイメージを持つ」こと，そして「教科書を読むための専門用語の意味を知る」ことを目的として構成することになりました．広く音響学初心者をターゲットとし，目次構成などを入念に検討しました．前著の内容を流用した箇所において

も，よりわかりやすい説明，より丁寧な説明になるように，内容を加筆修正しています。特に前半は，読み物としても気楽に読める構成として，まずは，目に見えない「音」のイメージが湧くように心がけました。例として掲載した音のサンプルは，本書のウェブサイト†で実際に音を聞くことができます。また，わかりにくい部分はアニメーションで見ることができるようにもなっています。

音響学を学ぶ必要のある皆さんには，まずは本書に目を通してもらい，その上で，音響学は難しい，理解できないというイメージを払拭してもらえれば，著者にとってこれ以上の喜びはありません。

音響学はけっして難しくありません。目に入る数式などに怖気づく必要はないのです。音響学はとても面白く，とても身近な学問なのですよ！

2016年6月

著　者

---

† http://www.coronasha.co.jp/np/isbn/9784339008913/

目　次

1. そもそも音とはなにか？

1.1 音ってなんなの？ ･･･ 2
　1.1.1 音のイメージを作る ･･････････････････････････････････ 2
　1.1.2 さらに正確に音をイメージする ････････････････････････ 6
1.2 周波数とはなにか？ 〜高い音，低い音〜 ････････････････････ 10
　1.2.1 周波数のイメージを作る ･･････････････････････････････ 11
　1.2.2 身近なものから周波数を考えてみる ････････････････････ 13
1.3 dB とはなにか？ 〜強い音，弱い音〜 ･･････････････････････ 15
　1.3.1 音の大きさと強さの違い ･･････････････････････････････ 15
　1.3.2 dB（デシベル）はけっして難しくない ･･････････････････ 17
1.4 音の進み方と共鳴 ･･ 20
　1.4.1 音の進み方（音の反射，回折，干渉） ･･････････････････ 20
　　☕ コーヒーブレイク： 音　　速 ･････････････････････････ 22
　1.4.2 自由端，固定端反射と共鳴 ････････････････････････････ 25

2. 音を聞くメカニズム

2.1 なぜ音が聞こえるのか？ ･･････････････････････････････････ 29
2.2 外耳と中耳の役割 ･･ 30
2.3 内 耳 の 役 割 ･･ 34
　2.3.1 蝸牛が担う重要な「仕事」 ････････････････････････････ 34
　2.3.2 蝸牛の正確な構造 ････････････････････････････････････ 36
2.4 聞こえる音の範囲 ･･ 39

2.4.1 最小可聴値は周波数ごとに変わる ………………………… 40
2.4.2 聞こえる周波数の範囲（可聴周波数範囲）……………… 41
2.5 気導と骨導の違い ……………………………………………… 42
2.5.1 骨導（骨伝導）とは？ ………………………………… 42
☕ コーヒーブレイク： 可聴帯域に関する議論 ……………… 42
2.5.2 あなたも骨導で音を聞いている！ ……………………… 44

3. 聴覚心理学と音声学を学ぶ前に知っておくべきこと

3.1 ラウドネス 〜音の強さと大きさの違い〜 …………………… 48
3.2 なぜ耳は二つあるの？ ………………………………………… 51
   3.2.1 音の方向を知る ………………………………………… 51
   3.2.2 カクテルパーティ効果 ………………………………… 52
3.3 聴力の個人差 …………………………………………………… 54
   3.3.1 オージオグラム ………………………………………… 55
   3.3.2 難聴とは？ ……………………………………………… 57
3.4 声のメカニズム 〜有声音と無声音〜 ………………………… 58
3.5 基本周波数とフォルマント …………………………………… 62
   3.5.1 基本周波数とフォルマントの意味を知る …………… 62
   3.5.2 フォルマントと1/4波長音響管 ………………………… 64
3.6 発声のメカニズムは管楽器と同じ？ ………………………… 66
引用・参考文献 ………………………………………………………… 68

4. デジタルサウンドを理解しよう

4.1 そもそもデジタルって？ ……………………………………… 70
   4.1.1 ビットとバイト ………………………………………… 70

	4.1.2	SI接頭辞と二進接頭辞 …………………………………	71
	☕ コーヒーブレイク： 二進法，十進法，十六進法 …………	72
	4.1.3	連続量と離散量 ……………………………………………	74
	4.1.4	テキストデータの仕組み …………………………………	76
	4.1.5	ビットマップデータの仕組み ……………………………	79

4.2 オーディオデータの仕組み ……………………………………… 83
 4.2.1 サンプリング（標本化）………………………………… 83
 4.2.2 サンプリング周波数と周波数帯域 ……………………… 85
 4.2.3 量　　子　　化 …………………………………………… 87
 4.2.4 デジタルオーディオのデータサイズ …………………… 88
 4.2.5 量子化雑音とダイナミックレンジ ……………………… 89
 4.2.6 デジタルオーディオの正体 ……………………………… 91

4.3 なぜデジタルなのか？ …………………………………………… 92
 4.3.1 デジタルの利点 …………………………………………… 92
 4.3.2 デジタルを実現するには ………………………………… 95

引用・参考文献 …………………………………………………………… 96

5. 見えない音を「見る」方法

5.1 波形による表現 …………………………………………………… 98
5.2 波形から読み取ろう 〜振幅，周期と波長〜 …………………… 100
5.3 瞬時値と実効値 …………………………………………………… 103
5.4 周波数特性とはなにか？ ………………………………………… 106
5.5 スペクトルを見てみよう
 〜パワースペクトルとサウンドスペクトログラム〜 ………… 110
 5.5.1 パワースペクトル ………………………………………… 111
 5.5.2 サウンドスペクトログラム ……………………………… 116

6. 正弦波を知ろう

- 6.1 直 交 座 標 系 ………………………………………………… *120*
- 6.2 正弦波とは？ …………………………………………………… *121*
  - 6.2.1 正　　弦　　波 ……………………………………… *121*
  - 6.2.2 正弦波の周期と振幅 …………………………………… *122*
  - 6.2.3 波 の 周 波 数 ………………………………………… *123*
- 6.3 角 度 と 位 相 ……………………………………………… *124*
  - 6.3.1 度数法と弧度法 …………………………………………… *124*
  - 6.3.2 宇宙的視野で科学する …………………………………… *127*
- 6.4 正 弦 波 の 位 相 ……………………………………………… *128*
- 6.5 サイン波の合成 ………………………………………………… *132*
- 6.6 サンカクカンスウ ……………………………………………… *135*
- 引用・参考文献 ……………………………………………………… *137*

7. 音を分類する

- 7.1 波形による分類 ………………………………………………… *139*
  - 7.1.1 純　　　　音 …………………………………………… *139*
  - 7.1.2 複　合　音 ……………………………………………… *141*
  - ☕ コーヒーブレイク：　インパルス応答 …………………… *147*
- 7.2 波面による分類 ………………………………………………… *148*
  - 7.2.1 音響エネルギー …………………………………………… *148*
  - 7.2.2 球　面　波 ……………………………………………… *148*
  - 7.2.3 平　面　波 ……………………………………………… *151*
  - 7.2.4 定　在　波 ……………………………………………… *152*

7.2.5　音波の指向性…………………………………………… *153*
引用・参考文献……………………………………………… *154*

8. さらに深く音を理解する

8.1　さまざまな周波数のサイン波からインパルスを合成する ………… *156*
8.2　さまざまな周波数のサイン波から白色雑音を合成する ……………… *158*
8.3　あらゆる音は純音から ……………………………………… *160*
8.4　周波数分析の本質 ……………………………………………… *161*
　　8.4.1　周波数分析のイメージ ……………………………… *162*
　　8.4.2　周波数分析に挑戦しよう …………………………… *164*
　　8.4.3　補　　　足 …………………………………………… *171*
8.5　お　さ　ら　い ………………………………………………… *174*
引用・参考文献……………………………………………… *175*

索　　引……………………………………………………… *176*

Chapter 1

そもそも音とはなにか？

　本書を手に取られたすべての方にお願いしたいのは,「必ず最初に本章を読んでください」ということです。音とはなにか？がわからないままページを先に進めても，わかったような，わからないような，釈然としない気分のまま,「音響学は難しい」という印象だけが残ってしまうでしょう。

　音響学を学問として捉える前に，まずは，私たちの生活の中につねに存在する「音」の正体を知ってください。目に見えない「音」をイメージしてみてください。一つの雑学を身につけるくらいの気持ちでもよいですから，気軽に読んでもらえればと思います。

1.1　音ってなんなの？

「音」といわれて，皆さんは，まずどんな音を想像されるでしょうか？ 例えば，音楽が好きな人なら，楽器の音色や歌声などを連想するでしょう。それは当然のことではありますが，物理的に考えると，「音楽」は「音」の集合体でしかありません。音という物理的な事象が，ある一定の法則やリズムに乗って伝搬してきたものが音楽なのです。そう考えると，鳥の声や川のせせらぎなど，自然の世界から聞こえてくる音や，自動車や電車などの騒音，そして，私たちが自分の意思を相手に伝えるための「声」も，すべて音の集合体であるわけです。

「音」は，私たちの生活に満ち溢れています。私たちは，この世に生まれてから死ぬまで，つねになんらかの音がしている中で生きていくのです。音は，とてもとても身近な存在なのです。音響学は，この，とても身近な音について知るための学問ですから，ある意味ではとても簡単な学問といえるかもしれません。しかし，一方で，「音響学は難しい」というイメージを持つ学生さんが多いのも事実です。なぜでしょう？ 簡単にいってしまえば，音は目に見えないからです。すごく身近で，皆がつねに音の中で生きているのに，目で音を見た人はいません。だから，わかりにくいのです。本章では，そんな目に見えない音に関して，皆さんの頭の中にイメージを作っていただこうと思います。このイメージができてしまえば，じつは，音響学はそんなに難しい学問ではありません。ですから，安心して先に読み進んでください。

1.1.1　音のイメージを作る

私たちは，つねに空気に包まれています。人間は空気のないところでは生きていられませんから，これは当然の話です。そして，空気のあるところには必ず音があります。音があるけど空気がないという状況も，音がないけど空気があ

るという状況もないのです†。つねに空気に包まれている私たちは，つまりは，つねに音に包まれているともいえるのです。

「音とはなにか？」という問に対して，音響工学や科学系の書籍などをめくると

- 「空気の中を伝わる**疎密波**である」
- 「**気圧の連続的な微小変化**である」
- 「音とは**空気の振動**である」

などと書かれていることが多いと思います。専門的には，これで正しいのですが，初めて音響学を学ぼうという人にこういういい方をしても，なかなかイメージできないでしょう。ですから，ここでは，こういった難しいいい方はせずに，「つねに音に包まれている感じ」をイメージしていただけたらと思います。なにやらある種のセラピーみたいないい方になってしまいましたが，そういうことではなくて，難しい理論の理解（勉強）よりも，感覚的にイメージしていただきたいのです。

まずは，静かな水面を思い浮かべてください。ほとんど波が起きていない，穏やかな水面です。そして，**図 1.1** のように，一滴の雫がそこにポチャンと落

図 1.1　音のイメージ（その 1）

---

† 空気以外の気体中でも音が発生する場合がありますので，ここでは空気≒気体と考えていただいてよいかもしれません。なお，音は液体の中や個体の中でも伝搬します。

ちたとしましょう．雫が落ちた場所を中心に波が起き，その波紋は中心から外側に向けて広がっていきます．徐々に外側に向けて広がっていくとともに，だんだんと波の高さは低くなり，いずれは消えてしまうでしょう．この波（波紋）が音だと思っていただければ，それで，ほぼ「音の物理的イメージ」はできたといってよいと思います．

　つぎに，水を空気に置き換えて考えてみましょう．水は，光の屈折率の関係で目に見えます．一方，空気は目に見えません．ほかにも水と空気にはさまざまな違いがあり，よって発生する波にも性質の違いがあるのですが，ここでは，音の物理的な意味をイメージすることが重要ですので，水と空気の違いは，目に見えるか，見えないかだけだと決め付けてしまいましょう．また，雫が水面に落ちた瞬間を，例えば，パチンコ玉を机の上に落とした瞬間だと考えてみてください．私たちの周りには空気が満ちています．当然，机の周りも空気で満ちています．その中で，落ちてきたパチンコ玉が机に衝突するという出来事が起こりました．パチンコ玉が衝突した場所を中心として，机の周りの空気に波紋が起こります．

　イメージできるでしょうか？　これが「音」です．

　パチンコ玉と机の衝突点を中心として起きた波紋が，空気の中を伝わって，伝わって，伝わって・・・，皆さんの耳まで届き，それが音として聞こえるのです．

　もう少し進んで，例えば，そう，**図 1.2** のように，あなたが拍手をしながら，歓声を上げている場面を想像してみましょう．イラストのように，叩いている

図 **1.2**　音のイメージ（その 2）

手の周りの空気にも，声を出している口の周りの空気にも波紋が起こります。ただ，イラストと少し異なるのは，実際には拍手では，手を叩く間（**周期**）に応じて，衝撃的，突発的な波紋が起こります。一方，声では，あなたの**肺**から出てきた空気が**声帯**を通って，喉や上顎や舌や歯に当たって，唇から流れ出てきますので，当然，できる波紋の形は，拍手のときとは変わってきます。この波紋の形の違いが，私たちが聞いている音の違いなのです。

「スピーカー」

皆さんご存知の音を出す装置です。ここでの音のイメージでスピーカーを考えてみると，音の物理的なイメージが，より理解しやすくなるのです。いきなりですが，「波の出るプール」って行ったことがあるでしょうか？ 水上公園などの大規模施設にある，プールなのに人工的に波が作られている，あれです。子供のころに初めて行ったときは，とても驚いたものです。そして，どういう構造になっているのか，波を出している装置のところまで行ってみて，またビックリ！ 巨大な板状の物が，機械で押されたり，戻されたりして，水をかき混ぜるように波を作っていました。単純な構造ではありますが，確かに，人工的に波を作るには，あれしかないような気もして，子供心に妙に感心した記憶があります（いまの装置は，そんな単純な構造ではないのかもしれませんが…）。

スピーカーは，じつは，原理的には波の出るプールと同じです。スピーカーには**振動板**と呼ばれる板が付いていて，これが電気の力によって，押されたり，戻されたりしているのです。振動板の動きによって，スピーカー内の空気に波紋が起きて，これがスピーカー前面部から出てきます。そして，この波紋が空気の中に広がっていき，皆さんの耳に伝わって音として聞こえるのです。押されたり戻されたりの強さや周期を人の声と同じにすれば声が聞こえてくるし，音楽と同じにすれば音楽が聞こえてくるのです。

ところで，音の**波形**を見たことがあるでしょうか？ テレビや雑誌などで，なにかの音や人の声などが話題になっているときなどに，ときどき出てきます。「いまの音を波形で表すと…」「先ほどの電話の声の波形は…」といった感じ

で見せられる，文字どおり波の形を表した絵です．見たことのある方も多いと思いますが，あれが物理的になにを表しているのかわかっている人は意外と少ないと思います．あれは簡単にいえば，水が落ちてできた波紋を真上から見て，波紋が作る円の直径に沿って切断した切断面を見ていると思っていただければよいのです（**図 1.3**）．最近では，素人の方でも簡単に操作できる音楽編集などの PC ソフトウェアもたくさんあります．そういったところで目にする音の波形・・・，このように理解すれば，物理的なイメージが湧くのではないでしょうか？

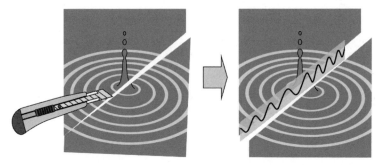

図 1.3 音の波形のイメージ

前述のとおり，私たちが聞く音の違いは，つまりは波紋の形の違いです．「波形」は，目に見えない音の違いを**視覚**的にイメージするために，波紋の形の違いとして表現しているのです．

1.1.2 さらに正確に音をイメージする

ここでは，空気の中を伝わる波である「音」を，水面にできた波に例えてお話しました．しかし，冒頭で述べたように，空気と水にはいくつかの違いがあり，よって，音と水面にできる波にも違いがあります．その違いについても説明しておきましょう．一般の人にとっては

　　　「音 = 水面にできた波」

という理解で大きな問題はないし，そのほうがわかりやすいので，ここまでのお話だけでよいでしょう．しかし，音響学をこれから学ぶ人は，ここまでで「音

1.1 音ってなんなの？

について，だいたいイメージできた！」といういまこそ，もう少し頑張って，音と水面にできる波の違いについてもイメージを作っておいてもらいたいのです。

音と水面にできた波の最も大きな違いは，「空気には水面という概念はない」ということです。「水面」というのは，水と空気という二つの異なる物（媒体）の境界線のことです。水面を境界として，下は水中，上は空気中ですね。ですから，水面にできる波を見ているということは，境界線の動きを見ていることと同じなのです。

私たちは，つねに空気に包まれて生活しています。なにかの研究や実験などのために人工的に作られた特殊な状況を除き，私たちのほぼすべての生活空間は空気に満たされています。すべての空間が空気で満たされているということは，空気と他の媒体との境界線はないということであって，だとすると「水面にできる波」のような境界線の動きも起きようがないわけです。

では，音の波はどのように発生し，どのように伝わるのかというと，**図 1.4**のようになります。薄いグレーで描かれているのが空気だと考えてください。図 (a) が，普通に空気で満たされている状況です。空気で満たされている状況というのは，**空気の粒子**でいっぱいになっている状況です。粒子，つまりツブツブですね。空気は，空気の粒子というツブツブの集まりです。私たちが生活している空間には，空気のツブツブがビッシリと詰まっているとイメージしましょう。

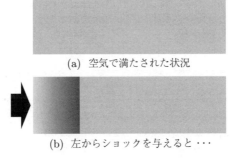

図 **1.4** 音による空気の粒子の移動

図 1.4 (b) では，空気の粒子で満たされている空間に左側からショックが与えられています。「押される」とか，そういった類の圧力がかかったと考えましょう。パチンコ玉が机に当たったと考えてもよいでしょう。そこにあった空気は，押されて右に移動しています。移動してしまうのですから，その空気がもともとあった，ちょうど押された場所の空気は薄くなります。そして反対に，移動した先の右側の空気は濃くなります。濃いグレーで描かれた部分が，空気が濃くなった部分です。

物理の世界では，濃くなった場所を，空気の粒子の密度が高くなったので**密**，薄くなった場所を**疎**と呼びます。言い換えると，密な部分は，空気が濃い＝気圧が高い，疎な部分は，空気が薄い＝気圧が低い，ということになります。これは，電車を思い浮かべるとイメージしやすいでしょう。**図 1.5** (a) のように，人がいっぱい乗った電車が右に向かって進んでいるとします。この電車に乗っている人たちの一人ひとりが空気の粒子だとイメージしてみてください。この電車にいきなり急ブレーキがかかったら，どうなるでしょう？　もういっぱいだと思っていた車内ですが，図 (b) のように乗客は右のほう，つまり進行方向に向かって押されるように移動し，さらにギューッ！と人が詰まったような状態になります。この詰まり具合を色の濃さで表したのが，図 1.4 (b) だと考えて

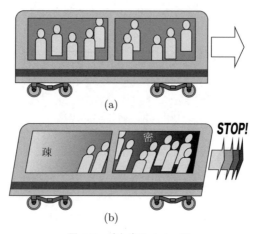

図 **1.5**　疎と密のイメージ

ください。

　さて，先ほどの空気の粒子は，その後どうなるでしょうか？ **図 1.6** (a) を見ると，一様な空気で満たされていた空間に密な部分ができ，それが右に移動していく様子がわかると思います。押されたわけですから，その部分は押された方向に移動しつつ，密な部分が通過してしまったあとは疎になり，また密になりながら，徐々にもとの状態に戻ろうとします。電車の例の場合，急ブレーキが収まれば，乗客はまたもとの場所に戻ろうとするでしょう。それと同じです。ここで音と電車で違うのは，音が伝わる空間には，行き止まりがないということです。だから，音では，この密な状態と疎な状態はどんどん移動していきま

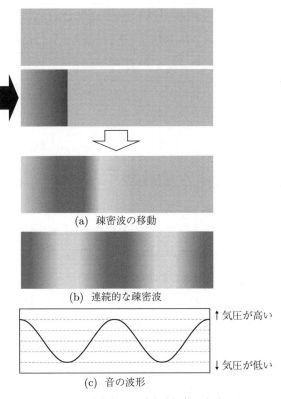

(a) 疎密波の移動

(b) 連続的な疎密波

(c) 音の波形

図 **1.6** 空気粒子の疎密波と音の波形

す。図 1.6 (b) は，その様子，つまり密と疎（気圧の高い・低い）が連続的に伝わっている様子を描いています。音が発生すると，このように密と疎の状態が移動していきながら，音が通過していったあとは，徐々にもとの状態に戻っていきます。これが音の正体です。ですから

- 「空気の中を伝わる疎密波である」
- 「気圧の連続的な微小変化である」
- 「音とは空気の振動[†]である」

という表現がされるのです。そして，縦軸を気圧（空気粒子の濃さ）の変化量とし，横軸を気圧が変化していく時間として描いたのが，図 1.6 (c) の「波形」ということになります。気圧が高いとき（密のとき）は上方向（プラス方向）に，気圧が低いとき（疎のとき）は下方向（マイナス方向）に描かれます。

このような波形として描いてしまえば，これはもう，水面にできる波と同じと考えて，ほぼさしつかえがないわけです。むしろ，プールやお風呂や台所などで普段から見ることができる「水面の波」として考えたほうがイメージしやすいと思います。

1.2 周波数とはなにか？ 〜高い音，低い音〜

「音とはなんであるか？」を理解したところで，ここでは，高い音，低い音とは，どういうことを意味しているのかについてお話します。

周波数という言葉を「聞いたことがない！」という人は，おそらくはいないと思います。それくらい，この言葉は私たちの生活の中に浸透していますし，なくてはならない考え方なのです。ところが，意外とその意味を知らない人が多いのも事実です。なじみ深いのは電波の世界ですね。無線の周波数とか，ラジ

[†] 空気粒子は，どこかへ飛んでいってしまうわけではありません。粒子に対してもとの場所に戻ろうとする力が働いたり，移動した先にある粒子とぶつかって跳ね返されたりして，1 粒 1 粒を見ると，行ったり来たりの運動をします。この様子は振動と呼ばれ，その際に粒子が移動する距離は"変位"と呼ばれます。粒子の位置が変位することによって，密もしくは疎の状態ができると理解すればよいでしょう。

オ局の周波数とか，なにかにつけて周波数が出てきます。電波の世界にとっては，「周波数」という概念は絶対になくてはなりません。そして，電波の世界と同じくらい「周波数」が重要なのが「音」の世界です。音が発生し，その音を人間が聞くプロセスにおいては，音の強弱（大きい，小さい）よりも，むしろ周波数のほうが重要なケースも多いのです。

1.2.1 周波数のイメージを作る

周波数とは，文字どおり波が周回する回数です。もう一度，水面に雫が落ちる様子をイメージしてください。雫が落ちたところに起こる波紋は，もとの穏やかだった水面の高さより上がって，そして今度は下がります。上がって，下がって，そしてもとの位置に戻ります。また上がって，下がって‥‥，波形にしてみると，**図 1.7** のようになります。この，「上がって下がって」の1回分が1周期です。周波数とは，1秒間に「上がって下がって」が何回起きるか（つまり，1秒間の間に何周期の波が入っているか）で定義されています。そして，その回数を Hz（**ヘルツ**）という単位で表します。

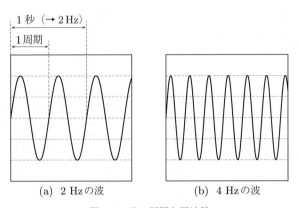

図 1.7　波の周期と周波数

図 1.7 (a) で考えると，1秒間に2周期分の波が起きていますので，「2 Hz」（2ヘルツ）ということになります。さらに，図 (b) の波形を見てください。こちらは，図 (a) の波形に比べて，波の変化が細かくなっています。大まかに，何 Hz

くらいでしょうか？ そうですね，4 Hz くらいです！ つまり，図 (b) の波形は図 (a) の波形よりも「周波数が高い」「2 倍の周波数」ということになります。

　音の世界で「周波数が高い」というのは，音が高いということです。例えば，ピアノの鍵盤で考えると，右に行けば行くほど周波数の高い音が出るということになります。自動車の急ブレーキの「キー」という音は周波数が高い音，船の汽笛の「ボー」という音は周波数が低い音です。

　ところで，ここに表した波形は，とても綺麗な形をしています。一定の周期で滑らかに変化しています。数学の**三角関数**でいうところの**正弦波**（**サイン波**）です。こういったサイン波の波形の音を**純音**（じゅんおん）と呼びます。**聴力検査**を受けたことがありますか？ 「ピー」とか「ピッピッピ」という音が聞こえたらボタンを押すという検査です。あの検査で使われている音が純音です。

　純音は，聴力検査や，ある種の報知音，お知らせ音などに使うことを目的として人工的に作られた音です。自然界には純音は，ほぼ存在しません。自然界に存在する音 ―― 人間の声，鳥のさえずり，風が吹く音，物が壊れる音，ぶつかる音・・・はすべて，複数の周波数成分が混じり合ってできています。このように複数の周波数成分が混じり合っている音を**複合音**といいます。ここで，複数の周波数成分が混じり合うとは，どういうことでしょうか？ これは，先ほどの波形を用いて考えてみると，**図 1.8** のようになります。

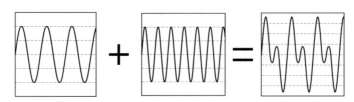

図 1.8　複合音の波形
純音と純音が合わさると複合音になる。

　低い周波数の波形と高い周波数の波形が混じり合って，新たな，より複雑な形状の波形が現れました。一番右の波形は，左の波形の周波数成分と真ん中の波形の周波数成分が混じり合ってできた新たな波形です。2 種類の周波数成分を

持っている波形ということになります。

　この例では，周波数成分は2種類だけですが，実際に自然界に存在する音は，もっともっと多くの種類の周波数成分から構成されています。どれくらいの種類かといいますと・・・無限です。どの音にも，無限の種類の周波数成分が含まれています。音色の違いというのは，要は，どのあたりの周波数成分が強く，優勢に含まれているか？で起きるのです。自動車の急ブレーキの「キー」という音は高い周波数の成分がとても強くて，船の汽笛の「ボー」という音は低い周波数成分が強いのです（純音と複合音については，6章と7章でさらに詳しくお話します）。

1.2.2　身近なものから周波数を考えてみる

　例えば，楽器や歌声は，ある特定の周波数の波紋を起こすことによって**音階**を奏でていると見なすことができます。楽器によっては，ほとんど純音のような波形を奏でる場合もあります。

　糸をピンと張りつめて，それを指で弾いたときを考えてみましょう。糸を張る強さ（ピンと張るか緩く張るか）や，糸の太さなどによって，糸が動く速度が変わるというのはイメージできると思います。糸が動けば，糸の周りの空気に波紋が起こります。速く動けば周波数の高い（周期の短い）波が起きますし，ゆっくり動けば周波数の低い波が起きます。これが，弦楽器の基本原理です。ギターは，弦の太さによって奏でる音の高さが違うし，弦を張る強さを調節してチューニングしますよね？

　あるパイプの中に息を吹き込みます。息は，パイプの向こう側の壁にぶつかって行ったり来たり。パイプが短ければ，速く向こう側の壁にぶつかって，速く行ったり来たりしますし，パイプが長ければ，ゆっくりと行ったり来たりします。これもまた，パイプの長さによって周波数が高くなったり，低くなったりしますね？　これが管楽器の基本原理です。管楽器は，低い音を出すトロンボーンなどのほうが，高い音を出すクラリネットなどよりも大きいでしょう？

　歌声は，人間の声で作られています。発声するとき，人はまず肺から空気を

送り出します。その空気は，声帯を通って声になります。声帯とは，舌の根っこのところよりもやや下側にある**喉頭**という器官の上部にあって，2枚の襞が真中で左右に分かれて配置されています。ちょうど，カーテンが2枚かかっている窓のような構造だとイメージしてください。この2枚の襞（カーテン）は，頻繁に開いたり閉じたりします。肺からの空気は，声帯が開いているときだけ**声門**を通って先に進むことができます。つまり，開いているときに波紋を作るわけです。声帯を速く開閉すれば高い周波数の波紋が起きて，結果として高い声が出ますし，ゆっくりと開閉すれば低い声が出ます。これが，歌を歌うときの声の高低の原理です。歌を歌うときに「これ以上，高い声は出せない」という人がいますが，これはつまりは，「これ以上速く声帯を開閉できない」といっているのと同じことです。

　ほとんどの場合，音階は，その音を構成する最も低い周波数成分で決まります。例えば，弦楽器であれば，最初に弦が動く周期に相当する周波数，声であれば，声帯が開閉する周期に相当する周波数が最も低い周波数成分で，この周波数を**基本周波数**と呼びます。私たちは，さまざまな周波数成分が複雑に混じり合った音の中の基本周波数成分を感じて，それを音階として認識しているのです。

　同じ音階を出しても，楽器の種類や歌う人が変わると，違う音色に聞こえます。ピアノと笛で同じ音階を奏でても，私たちは，それが違う音だと感じます。二人の人が同じ歌を音階どおりに歌っても，それぞれの声の違いがわかります。この違いの多くは，基本周波数以外の周波数成分の強弱で決まります。弦楽器の弦は，つねに正確に，同じ方向に動くでしょうか？　弦の弾き方，弦の種類が変われば，弦の動き方は変わります。弦の動きが変われば，波形が変わります。また，例えばギターならば，弦を弾いてできた波紋は，弦の裏側にある穴の中にも入っていって，ギター内部の壁にぶつかり，ぶつかった波紋同士がまたぶつかって，複雑な形状の波紋となって出てきます。穴の中の大きさや形状，中の壁の材質など，さまざまな条件で，波紋の形は変わります。波紋の形が変わるということは，各周波数成分の強弱が変わるということです。でも，基本周

波数成分は弦の動く周期で決まりますから,「音階」は変わらないわけです。

歌声であれば,声帯の開閉の周期は同じであっても,その先の喉や舌の形,動き方,歯の並び方や口の開閉の仕方,喉や口の大きさ,長さ,太さなどが人によって異なります。声帯を通ってきた波紋は,これらにぶつかり,周波数成分をさまざまに変化させながら,歌い手それぞれの波紋となって口から外へ出てくるのです。

人間の発声のメカニズムや基本周波数などについては,3章でさらに詳しくお話します。

1.3　dB とはなにか？　～強い音, 弱い音～

ここでは,音の強さについてお話します。じつは,物理的に「強い音」「弱い音」と,人間が感じる「大きい音」「小さい音」は,とても似ていますが,違う部分もあるのです。ここでは,おもに物理的に「強い音,弱い音」について解説し,「大きい音,小さい音」との違いについてもお話します(人間が感じる音の大きさについては,3章でさらに詳しくお話します)。本節には,少し数式が出てきます。そんなに難しい数式ではありませんので,頭の体操だと思って読んでください。

1.3.1　音の大きさと強さの違い

まずは,単純に波形を見ながらおさらいをしてみます。図 1.9 のように,波の周期が短い音は「高い音」,周期が長い音は「低い音」に聞こえます。これが,周波数が高い音と低い音の違いです。では,大きい音と小さい音は,どう違う

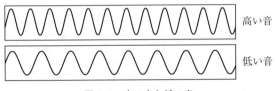

図 1.9　高い音と低い音

のでしょうか？これも，波形を見て考えれば，とても単純な話です。**図 1.10** のように，波の高さ（以降，これを**振幅**と呼びます）が高い音，つまり振幅が大きい音は，実際に聞いても大きく感じますし，振幅が小さい音は，小さく感じます。とても単純な原理です。

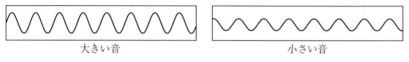

図 1.10 大きい音と小さい音

ところで，音の「強さ」といわれると，音の「大きさ」のことだと思うかもしれません。しかし，「強さ」と「大きさ」は，同じようでいて違うものなのです。強さと大きさの違いは，一言でいえば

  強さ　→ **物理量**
  大きさ → **心理量**

です。もっと簡単にいうと，強さは聞いた人がどのように感じるかは関係なく，振幅でほぼ決まります。振幅が大きければ「強い」，小さければ弱いです。一方，大きさは，人が感じる大きさです。ここで難しいのは

  「人間は，強さが倍になれば，倍の大きさに感じるわけではない」

ということです。

水に起きた波は，言葉を変えれば水圧の変化です。水になんらかの力（圧力）が加わるから波が起きるのです。音も同じで，空気に力（圧力）が加わるから波が起きて音になるのです。つまり，音は気圧の連続的な変化ということになります。気圧ですから，その物理的な量を表すには，Pa（**パスカル**）という単位を使います。ちなみに，天気予報などで台風の強さなどを表すときに，hPa（**ヘクトパスカル**）という言葉を聞いたことがあると思います。「台風の中心気圧は 980 ヘクトパスカルです」などという感じで伝えられますが，これは

$$1\,\mathrm{hPa} = 100\,\mathrm{Pa} \tag{1.1}$$

です．台風も気圧の変化，音も気圧の変化ですから，同じ単位を使うのです．

ここで，人間が聞くことのできる音の最小気圧変化がどれくらいかといいますと，**聴力**が正常な若者で，$20\,\mu\mathrm{Pa}$（**マイクロパスカル**）です．また新しい単位が出てきてややこしいですが，$\mu\mathrm{Pa}$ は Pa の $\dfrac{1}{100\,\text{万}}$ で，式で表すと

$$1\,\mu\mathrm{Pa} = 0.000001\,\mathrm{Pa} \tag{1.2}$$

です．パスカルを基準にしてまとめて書きますと

$$1\,\mathrm{Pa} = 0.01\,\mathrm{hPa} = 1{,}000{,}000\,\mu\mathrm{Pa} \tag{1.3}$$

となります．さらに，ヘクトパスカルとマイクロパスカルの関係を表すと

$$1\,\mathrm{hPa} = 100{,}000{,}000\,\mu\mathrm{Pa} \tag{1.4}$$

です．人間が聞こえる音の最小気圧変化が $20\,\mu\mathrm{Pa}$ で，台風の中心気圧が例えば $980\,\mathrm{hPa}$ ですから，同じ気圧でも，考えられないくらいの強さの違いです．

音の気圧は一般的には**音圧**と呼ばれます．そこで，以降は「音圧」という言葉を使ってお話したいと思います．

1.3.2　dB（デシベル）はけっして難しくない

人間が聞こえる音の最小音圧は $20\,\mu\mathrm{Pa}$ ですが，最大音圧はといいますと，これは，やや大きめに見積もって $200{,}000{,}000\,\mu\mathrm{Pa}$ くらいです（実際には，これよりも低い値ですが，わかりやすいように，ここではこの値を使います）．人間が聞いている音圧の範囲は，$20 \sim 200{,}000{,}000\,\mu\mathrm{Pa}$ ということになります．見てのとおり，これはとてつもなく広い範囲で，音の強さを表すのに，毎回毎回一体いくつの 0 を書かなければならないの？という話です．そこで，いちいち 0 を書き並べるのはやめて，聞こえる最小音圧との比率で表してみようということになります．いま知りたい音の音圧を $x\,[\mu\mathrm{Pa}]$ とし，$20\,\mu\mathrm{Pa}$ との比率を P として

$$P = \frac{x}{20} \tag{1.5}$$

で考えることにしましょう。最小音圧のときの比率は $P = 20/20 = 1$ で，最大音圧のときは，$P = 200{,}000{,}000/20 = 10{,}000{,}000$ となります。よって，聞こえる音圧の範囲は $P = 1 \sim 10{,}000{,}000$ となり，一つ 0 が減りました。

しかし，まだ 0 が多いです。やっぱり，これでは使いにくいです。

さらに，もう一つ大きな問題があります。先に書きましたが，「人間は，強さが倍になれば，倍の大きさに感じるわけではない」という事実です。例えば，$200\,\mu\text{Pa}$ の音を $100\,\mu\text{Pa}$ の音の 2 倍の大きさと感じるわけではないのです。では，どのように感じるかというと，音圧と人間が感じる音の大きさとは，大まかですが，図 1.11 のような関係になっています。音圧が強くなっていくに従って，大きく感じる度合いは小さくなっています。

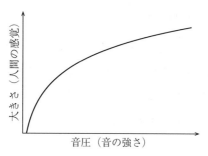

図 1.11　音圧と人間が感じる音の大きさとの関係

通常の尺度で，基準値（ここでは $20\,\mu\text{Pa}$）の〇〇倍という表現では 0 が多すぎ，さらに，人間は，強さ（物理量）が〇〇倍に増えたからといって，〇〇倍大きくなったと感じるわけではありません。

この両者の問題を解決してくれる便利な方法が，数学の世界にはあるのです。それは**対数**です。対数は高校の数学から出てくる考え方で，**log** という記号で表します。対数は，基準値の〇〇倍という数値を効率良く表してくれる（数値が大きくなりすぎない）上に，横軸を通常の数値 $(1, 2, 3, 4, \cdots)$，縦軸をその対数（log）とすると，ちょうど図 1.11 のような関係になるのです（高校の数学の教科書を，もう一度読んでみましょう！）。

1.3 dB とはなにか？ ～強い音，弱い音～

以上より，**音圧レベル**は，普段，私たちが聞いているような音の強さを，2桁もしくは3桁くらいの数字で表すことができるようにし，さらに，異なる音の強さの「差」を調べたり，資料に表記するときなどに扱いやすく，見やすいように，通常の対数の値に20をかけて表現されます。

$$20 \times \log_{10}\left(\frac{x}{\text{基準値}}\right) \tag{1.6}$$

そして，これを dB (**デシベル**) という単位としています（音圧レベルの基準値は $20\,\mu\text{Pa}$ です）。参考までに，気圧と音圧レベルの関係を以下に列記します。0が少なくて使いやすそうでしょう。

$$
\begin{aligned}
10\,\mu\text{Pa} &\to 20 \times \log_{10}(10/20) &&= -6\,\text{dB} \\
20\,\mu\text{Pa} &\to 20 \times \log_{10}(20/20) &&= 0\,\text{dB} \\
200\,\mu\text{Pa} &\to 20 \times \log_{10}(200/20) &&= 20\,\text{dB} \\
2{,}000\,\mu\text{Pa} &\to 20 \times \log_{10}(2{,}000/20) &&= 40\,\text{dB} \\
20{,}000\,\mu\text{Pa} &\to 20 \times \log_{10}(20{,}000/20) &&= 60\,\text{dB} \\
200{,}000\,\mu\text{Pa} &\to 20 \times \log_{10}(200{,}000/20) &&= 80\,\text{dB} \\
2{,}000{,}000\,\mu\text{Pa} &\to 20 \times \log_{10}(2{,}000{,}000/20) &&= 100\,\text{dB} \\
20{,}000{,}000\,\mu\text{Pa} &\to 20 \times \log_{10}(20{,}000{,}000/20) &&= 120\,\text{dB}
\end{aligned}
$$

スマートフォンを持っている人は，計算機のアプリを呼び出してみてください。最初は**図 1.12** (a) のような画面でしょう。この状態で，スマートフォンを横に向けてみましょう。図 (b) のような画面に切り替わるはずです（スマートフォンの機種によっては切り替わらない場合があります）。ここで，$\log_{10}$ というボタンを探してください。これが対数計算をしてくれるボタンです。試しに，上の一覧表から，$200\,\mu\text{Pa}$ のときの計算をしてみましょう。まずは，( ) の中の $200 \div 20$ をやってみてください。10と表示されるはずです。そこで $\log_{10}$ を押してみましょう。1に変わりました。そして最後に $\times 20$ をしてください。20と表示されました。これが20 dB という意味です。μPa と dB の計算は暗算ではなかなかできません。このように計算機を使って計算するか，もしくは，いく

20   1. そもそも音とはなにか？

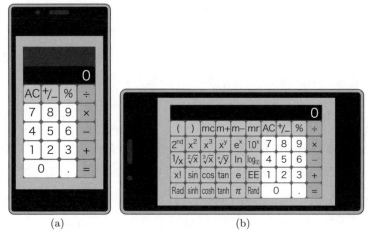

図 1.12　スマートフォンの計算機アプリ

つかのパターンを覚えておくと便利です。以下に，覚えておくと便利なパターンを紹介しましょう。

- 気圧が 2 倍になる場合 → 音圧レベルは +6 dB される
- 気圧が 1/2（半分）になる場合 → 音圧レベルは −6 dB される
- 気圧が 10 倍になる場合 → 音圧レベルは +20 dB される
- 気圧が 1/10 になる場合 → 音圧レベルは −20 dB される

これらの 4 パターンだけでも覚えておきましょう。すると，例えば，50 dB の音の 20 倍の音は何 dB？と聞かれたときに，20 倍 = 2 × 10 倍と考えて，上のパターンから，2 倍 = +6 dB，10 倍 = +20 dB なので，50 dB + 6 dB + 20 dB = 76 dB と，すぐに答えがわかって，とても便利です。

1.4　音の進み方と共鳴

1.4.1　音の進み方（音の反射，回折，干渉）

音は空気の中を伝わっていく波です。しかし，いつもなにもない場所を伝わっていくわけではなく，進む先には壁もあれば，物があったり人がいたりもします。

そんな場合に，音はどのように進み，どのように伝わっていくのでしょう？

音は，基本的にはまっすぐに進みます。ただし，場合によっては曲がる場合もありますし，物にぶつかって**反射**する場合もあります。水面に起きる波と同じです。再度，水で想像してみましょう。

プールの中で子供が遊んでいて波が発生しました。波が進んでいった先が，なぜか突然，水ではなく他の液体（例えば重油）に変わっていた・・・？

どうなるでしょう？

波の形は変わります。曲がってしまったり，振幅が小さくなったりするでしょう。一部の波は跳ね返されるかもしれません。

また，波がどんどん進んでいって，プールサイドに当たって跳ね返る場面を想像してみてください。跳ね返った波は，新たに来た波とぶつかり合って，形を変えた波になります。その形を変えた波に，後から来た別の波がぶつかって，形が変わった新たな波がまた発生して・・・。

お風呂に入ったときに，湯船にできる波を眺めてみるとよいかもしれません。自分で少し波を起こして，その波が自分の身体やお風呂の壁に当たって変化する様子を見てみると，よりイメージできるかもしれません。

そして，プールやお風呂の波と同じことが，音でも起きるのです。空気でも，例えば，温度が変われば音の波の進み方は変わります。具体的にいうと，音は気温が低い方向に進む性質があります。これをよく表しているのが，昼間は聞こえなかった遠くの音が夜になると聞こえるという現象です。夜は周囲が静かになったから，という理由もあるのでしょうが，もう一つ，夜は地表の温度が下がるので，昼間，地表が温かかったときには空中に向かって拡散してしまっていた音が，夜は地表面に向かってくることになり，遠くまで届きやすくなるのです（**図 1.13**）。

音は空気の波ですから，それがなにかにぶつかれば，水がプールサイドにぶつかって跳ね返るのと同様に跳ね返ります（反射します）。音の反射は，壁に向かってボールを投げたときと同じように，当たったときの角度と同じ角度で反射します。入射角＝反射角の法則です（**図 1.14**）。跳ね返る度合いも，ボール

22　　1. そもそも音とはなにか？

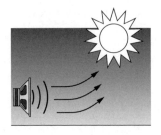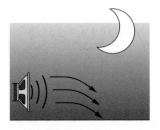

図 1.13　音と気温の関係

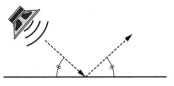

図 1.14　音の反射

と同じです。ボールが，硬い壁に当たれば強く跳ね返り，軟らかい壁だとあまり跳ね返らないのと同じように，音が当たるのが平らな鉄板などであれば強く反射しますし，厚手の布などであれば反射は少ししか起こりません。

　ただし，ボールと大きく違うのは，音は壁を回り込むことがある，ということです。ボールは，よほどの暴投をしない限り，壁の向こう側に行くことはありませんよね？　一方，音は，例えば，スピーカーの前に壁を置いたとしても，壁の向こう側で聞こえます。すべてを完全に跳ね返すことはなく，一部が壁の向こう側に回り込むのです。この，音が回り込む現象は**回折**（かいせつ）と呼ばれます。回折の度合いは，壁の大きさと音の周波数によって変わります。基本的には，音

コーヒーブレイク

音　速

　皆さんは，音が伝わる速さ（**音速**）をご存知でしょうか？　これは，一般には $340\,\mathrm{m/s}$（s = 秒）といわれています。つまり，1 秒間に $340\,\mathrm{m}$ 進むということですね。しかし，じつは，音速は空気の状態によって変わります。正確には $331.5 + 0.61t$（t は温度）なのです。図 1.13 のような現象は，温度の違いによって音速が変化することで起こるのですね。

の周波数が低いほど起こりやすくなります．音の周波数が低いということは，波の周期が長いということ，つまり波の長さ（**波長**）が長いということです．回折は，壁の大きさよりも波長が長ければ起こりやすくなるのです．小さな壁に向けて周波数の低い音を出したら，壁の向こう側にいても，壁の前にいても，聞こえる程度はほとんど変わらないはずです．

さらにさらに，ボールと違うのは，音の波は一つではないということです．波はつぎからつぎにやってきます．反射した音の波は，新たに来た音の波とぶつかって形を変えます．波と波がぶつかって形を変える現象は，**干渉**と呼ばれます．

ぶつかり合ってできた波は，壁などの物体にぶつかって「反射」するかもしれませんし，新たな波と再び「干渉」するかもしれません．一部は「回折」し，一部は「反射」し，反射した波は新たに来た波と再び「干渉」するでしょう．ちなみに，音源が二つ以上並んで同時に音を発している場合なども，それぞれの音源から出た音の波がたがいに干渉し合います．ステレオ装置の，右と左の二つのスピーカーから出た音も，当然のことながら，たがいに干渉し合います．壁がまったくない無限に広い空間で音を聴くことはほとんどないわけですから，私たちが聴いている音はすべて，干渉，反射，回折を経て，もとの波形から複雑に形を変えた音，ということになります．

干渉の度合いには，**図 1.15** のように，進んできて，ぶつかり合った波同士のタイミングによって天と地ほどの差が出てきます．このタイミングは**位相**と呼ばれます．複雑な理論で考えるよりも，図のように単純に，同じ位相でぶつかればたがいに強め合い，逆の位相でぶつかればたがいに打ち消し合うと考えればよいと思います．

管楽器などでは，片側から息を吹き込むと，管の内側で反射した息（空気の波）が干渉し合います．ここまでのお話で，管の長さや形状によって，入ってきた波の周波数ごとに干渉の度合いが変わることは想像できるかと思います．周波数によって，たがいに強め合う場合と打ち消し合う場合があるわけです．この際に，強め合うことを**共鳴**と呼び，最も強め合う周波数をその管の**共鳴周波**

24   1. そもそも音とはなにか？

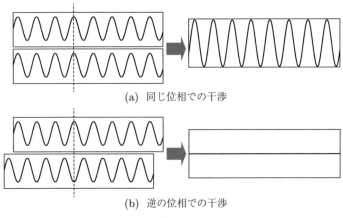

(a) 同じ位相での干渉

(b) 逆の位相での干渉

図 1.15　音の干渉

数と呼びます（共鳴を**共振**と呼ぶ場合もあります）。共鳴現象は，音響学や音声学を学ぶ人にとっては，とても重要です。ぜひここで共鳴の意味を理解して，しっかりイメージできるようにしてください。

共鳴現象をイメージするために，まずは，音の反射と干渉の様子を波形で模式的に見てみましょう。図 **1.16** (a) で，破線の波は右に進んで右の壁にぶつかります。ぶつかって反射した波が実線の波で，これは左に向かって進みます。これを繰り返していると，もとの波と反射波が干渉し合って図 (b) の波ができます。たがいに干渉し合った結果として共鳴が起こり，振幅が 2 倍になっています。本書のウェブサイトで，この様子のアニメーションを見ることができますので，ぜひご覧ください。アニメーションでは干渉し合ってできた波は，動

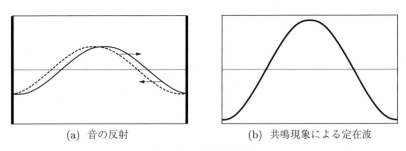

(a) 音の反射　　　　　　　　(b) 共鳴現象による定在波

図 **1.16**　共鳴と定在波

いていないように見えるでしょう。このように，干渉し合った結果として，停止した状態のように見える波は**定在波**と呼ばれます。

1.4.2 自由端，固定端反射と共鳴

共鳴をさらに理解するためには，1.4.1 項でお話した反射と干渉について，もう少し詳しく考える必要があります。**図 1.17** のようなパイプがあったとします。このパイプは，左側に壁があって，右側は開いています。そして，左側の壁のところから，なにかの音が発せられたとイメージしてください。こういったパイプ状のものでは，左側のように壁になって閉じている側は**固定端**，**閉口端**などと呼ばれ，右側のように開いている側は**自由端**，**開口端**，開放端などと呼ばれます。普通に考えると，固定端では音が反射し，自由端では反射しないと思うでしょう。図 1.17 でいえば，左側の壁のところから発せられた音の波は，右側の開いているところから外に出ていくだけだと思うでしょう。でも，それは違うのです。音は，自由端でも反射するのです。

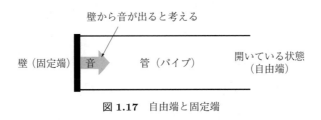

図 1.17　自由端と固定端

図 1.18 を上から順に見ていきましょう。左側の固定端から音が発せられて，右の自由端に向かって気圧が変化していっています。自由端のところに到達した音の波（気圧の変化）はどうなっているでしょうか？ 上から 3 番目以降の図で，音が自由端から外に飛び出して広がっていくのと同時に，左側（パイプの中）に向かって戻ってくる音も見えるでしょう。これが**自由端反射**と呼ばれる現象です。音は自由端でも反射するのです。では，自由端と固定端では，その反射の仕方に違いはあるのでしょうか？　**図 1.19** (a) のように，自由端反射では，発せられた音が自由端を通過したと考えて，その波をそのまま反対側に

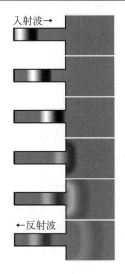

図 1.18 自由端反射の様子

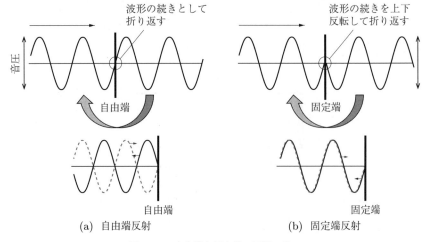

図 1.19 自由端と固定端の反射の違い
実線は反射波,縦軸は音圧を表す。

折り返したような反射が起こります。

一方,図 (b) の**固定端反射**では,固定端を通過した波の上下をひっくり返した波をさらに反対側に折り返したような反射が起こります。結果として,もとの波と反射波を眺めると,自由端反射では,ちょうど波形の上下がひっくり返っ

たような状態になっているのがわかると思います。このような状態は「位相が反転している」とか「位相が 180° ずれている」などと表されます†。固定端反射では，もとの波も反射波も位相が同じということですね。

　自由端反射と固定端反射の波の変化の様子は，本書のウェブサイトでアニメーションで見ることができますので，アニメーションの説明文をよく読んだ上で，ぜひご覧ください。

　図 1.20 で，自由端と固定端の反射と，その結果として起こる共鳴の波形を順に確認してください。実線の音の波が固定端側から発せられ，反射を繰り返して，図 (b) の波形のような共鳴が起こっている様子がわかります。

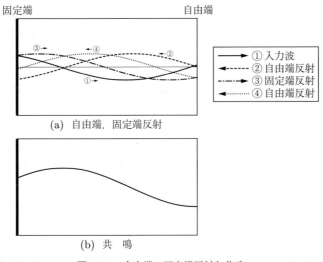

図 1.20　自由端，固定端反射と共鳴

---

†　位相は角度で表現されることがよくあります。円の角度を思い出してください。位相が 360° ずれれば，これは 1 周するということであり，それを波形で考えれば，ちょうど 1 周期分ずれて，もとの波形と重なり合うということになります。

Chapter

2

音を聞くメカニズム

　1章では，音とはなにか？　というお話から始めて，音響学の基礎知識について説明しました。この章では，その「音」を受ける側の「聴覚」のお話です。聴覚は，人間の五感のうちの他の四感（視覚，嗅覚，触覚，味覚）にはない，もしくは，他の感覚にあっても聴覚のほうがはるかに優れている機能をたくさん持っているのです。
　例えば，周囲の人の注意，注目を喚起する特性が挙げられます。スーパーマーケットや家電量販店などの店頭では，スピーカーで音楽を流したり，アナウンスをしたりして，お客さんの注意を引いていますね。また，音の発生源の方向を知る能力などは聴覚が特に優れている部分です。街を歩いていて車が近づいてきたとき，私たちは，どちらの方向から車が来ているのか瞬時に判断して，安全な場所へよけることができますよね？　家族や友人から呼びかけられたとき，即座に，その声の主の方向を向くことができるでしょう。そして，睡眠時など，意識がないときでもつねに働いていることは，聴覚の重要性の最たるものでしょう。目覚まし時計は，音で時間を知らせますよね？　視覚は，眠って（目をつぶって）しまったら，その機能の大部分は失われてしまいます。いつでも24時間，不眠不休で周囲の情報を探ってくれているのは聴覚なのです。
　人間が生きていく上で必要な能力の多くを提供してくれている聴覚は，時には気持ちを豊かにしてくれたり，気分を癒してくれたり，またはハイな気分にさせてくれたりする最重要な受信機でもあるのです。

2.1 なぜ音が聞こえるのか？

「音は耳で聞くものである」という事実を否定する人はいないでしょう。ここで耳というと，皆さんは，顔の横に付いている，悪ガキが母ちゃんに叱られるときに引っ張られる，あの耳（耳介）を想像するでしょう。ですが，音を聞くために，皆さんが想像する耳（耳介）が果たしている役割というのは，じつはごくわずかなのです。耳介がなくなっても音が聞こえなくなるわけではなく，耳の穴に入ってくる音は，普通にちゃんと聞こえるのです。相撲の力士など，格闘技の選手の中には，激しいぶつかり稽古の末に，耳介が潰れたような状態になってしまっているケースがありますが，彼らは音をちゃんと聞くことができないでしょうか？ そんなことはないのです。

音にとっては，耳の穴から奥が「本番」なのです。特に，**鼓膜**の奥にある**内耳**は，人が音を聞くために最も重要な器官といえるでしょう。

図 2.1 に**聴覚**器官の構造を示します。人間の聴覚の末梢器官は，耳介と耳穴（**外耳道**）による**外耳**，鼓膜と**耳小骨**（つち骨，きぬた骨，あぶみ骨）による**中耳**，そして内耳によって構成されています。本章では，「外耳と中耳」と「内耳」

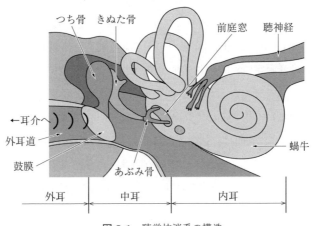

図 2.1 聴覚抹消系の構造

というように，大きく二つに分けて，私たちが音を聞くために，それぞれが担っている役割についてやさしく解説していきたいと思います。

2.2　外耳と中耳の役割

　先ほど，「耳介が果たしている役割というのは，じつはごくわずかなのです」と書きましたが，だからといって，耳介は単にファッションのために付いているわけでもありません。耳介と外耳道（耳の穴）は，とても複雑な形をしています。耳介は軟骨でできていて，特に前側（耳の穴の側）は，とても入り組んだ形をしています。また，耳の穴の奥も，まっすぐなトンネルというわけではなく，いくつかのカーブがあるのです。普通に覗いて鼓膜が見えるわけではないでしょう？

　1.4 節「音の進み方と共鳴」で説明したとおり，進んできた音が複雑な形をした壁にぶつかったり，管の中を通れば，反射を起こし，そして**共鳴**が起こります。耳介は複雑な形をした壁，外耳道は管ですから，外耳は管楽器のようなものだと考えることができます。よって，この管楽器も当然，共鳴を起こします。具体的にいうと，耳に到達した音は，耳介で反射して外耳道を通り，鼓膜に到達したときには，そこまでの経路による共鳴によって，2.5 kHz あたりの**周波数**成分で 15 〜 20 dB ほど強くなっているといわれています。

　さらに，音がどちらの方向から来たのかを知る能力にも外耳は役立っています（この能力は**音源定位**と呼ばれます）。もっとも，音源定位の最も重要な手掛かりは，両耳に入ってきた音の強さの差（強度差）と，音が入ってきたタイミングの差（時間差）です（これについては，3.2 節「なぜ耳は二つあるの？」で詳しくお話します）。人間は，強度差と時間差を使って，おもに「左右」の方向を判断しています。では，前後や上下の方向は，どうやって判断しているのでしょうか？　後ろからの音，上からの音・・・，どの方向で音が鳴っているのかわかりますよね？

2.2 外耳と中耳の役割

　この能力には，耳介と，そして頭の形が一役買っているのです。耳介と頭に音がぶつかることによって，音の周波数成分に複雑な変化が起きます。人間は，その周波数成分の変化を判断材料として，特に前後方向，上下方向の音源定位を行っているのです。

　外耳を通ってきた音の波は，その奥にある鼓膜に当たります。鼓膜は，とても軽いので，伝わってきた波に応じて揺れ動きます。奥に手前に，波に合わせてユラユラと。

　　　ズバリ！

このユラユラが，私たちが感じる音の正体です。奥に手前に動く距離が大きければ，それは大きい音として感じ，小さければ小さい音として感じるのです。音の大きさって，まずはこんな単純な話なのです。そして，人間が感じる音の高さ（周波数）は，この揺れのスピードで決まります。速い揺れの場合（周波数が高い場合）は「キーン」という高い音，遅い揺れの場合（周波数が低い場合）は「ボー」という低い音として感じます。

　この鼓膜の揺れは，どうやって，それより先の器官へ伝えられているのでしょう？　鼓膜の裏側には，「耳小骨」という三つの小さな骨があります。鼓膜の裏側には，**つち骨**という小さな骨がくっ付いています。そして，その「つち骨」の先には，**きぬた骨**という，これまた小さな小さな骨がくっ付いていて，さらにさらに，きぬた骨の先には，輪っかのように真ん中に穴が空いた，最も小さい**あぶみ骨**という骨がくっ付いています。この「つち骨」「きぬた骨」「あぶみ骨」は，まとめて「耳小骨」と呼ばれています。この耳小骨，じつは人間の体内で最も小さい骨なのです。人体の中で最も小さな骨は，耳の鼓膜の裏側にあるのです。

　耳小骨は，だてに三つもあるわけではありませんし，単に無意味にくっ付いているわけでもありません。「つち骨」と「きぬた骨」，そして，きぬた骨と「あぶみ骨」の間には関節があって，それぞれがまるで扉の蝶番のような動きをしています。そして，耳小骨の中の最後の「あぶみ骨」が蝸牛(かぎゅう)と呼ばれる内耳の

器官にくっ付いています。

　蝸牛というのは，耳の解剖図などで見たことがあるかもしれませんが，チューブ状の物が渦を巻いて，まるでカタツムリのような格好をした器官です。蝸牛の中（チューブの中）は**リンパ液**で満たされていて，その液体の中には，音を感じて，それを脳に伝えるためのセンサーの役割を持つ細胞が並んでいます（蝸牛の機能と役割については，2.3節「内耳の役割」で詳しくお話します）。蝸牛の渦巻きの外側には，中のリンパ液に接することができる窓（**前庭窓**）が付いていて，「あぶみ骨」はこの窓につながっています。

　空気の中を伝わってきた小さな揺れは，鼓膜を揺らし，「つち骨」と「きぬた骨」を介して「あぶみ骨」に伝わります。そして，「あぶみ骨」は伝わってきた揺れに応じて，蝸牛の窓を押したり引いたりして，中のリンパ液を揺らします。このリンパ液の揺れを，蝸牛の中のセンサーが読み取って，人間は音を感じるのです。

　ほんの小さな空気の揺れだった「音」は，ここで液体の中を伝わる揺れ（波）に変わるのです。

　ですが，ここでちょっと考えてみましょう。もともとは空気の中を伝わってきた，小さな小さな揺れなのです。これを，そのまま液体の中を伝わるような揺れにするのには，かなりの力が必要だと思いませんか？　例えば，屋外のプールに満たされた水を思い浮かべてください。この水を揺らすのって，どれだけの力が必要でしょう？　かなりの力が必要だということは，直感的にわかると思います。音の場合，このために用意された力というのは，肌ではほとんど感じることができないような，ごくわずかな空気の揺れです。この程度の力で，蝸牛に満たされたリンパ液を揺り動かすことができるのでしょうか？

　蝸牛というのは，中が液体で満たされていて，ちょっとやそっとの力では「空気の揺れ → 鼓膜の揺れ」が伝わらないのです。さらに困ったことに，蝸牛はとてもデリケートな器官でもあるので，逆に，強すぎる揺れ（大きな音）が入ってくると，今度は簡単に壊れてしまいます。

　さあ，困りました！

2.2 外耳と中耳の役割

　この難題を解決しているのが耳小骨なのです。鼓膜のわずかな揺れを強く正確に蝸牛に伝え，さらに大きな揺れは抑制して，弱くてデリケートな蝸牛を守る機能も併せ持つ，「神様が創った最高傑作！」とはいいすぎかもしれませんが，なかなかに良くできた精密機械なのです。これらの機能のキーワードは，「てこ」と「面積の比」，そして，これまた小さな筋肉である**中耳筋**（耳小骨筋）です。

　「つち骨」と「きぬた骨」，「きぬた骨」と「あぶみ骨」の間には関節があって，それぞれがまるで扉の蝶番のような動きをしていると書きました。実際は「きぬた骨」は「つち骨」よりも短いので，ここの構造がちょうど「てこ」の役割を果たすのです。さらに，鼓膜の面積は，あぶみ骨がくっ付いている蝸牛の外側の窓の面積よりも 10 倍以上大きいということが，とても強く作用します。

　鼓膜という大きな膜があって，鼓膜の裏には「つち骨」と「きぬた骨」が蝶番のような構造でくっ付いていて，長さは「きぬた骨」のほうが短いわけです。鼓膜が押されると，この構造が「てこ」のような働きをして力を強め，「あぶみ骨」に伝わります。

　「あぶみ骨」は，鼓膜の 1/10 以下の面積の窓につながっています。ここでは，「鉛筆」を想像してください。先が尖った鉛筆の芯の先を手の平に当てて，上から少しだけ押してみると···，わずかな力なのに，すごく痛いでしょう？大きな面積（鉛筆の底）に加わった力が，小さな面積（尖った鉛筆の芯）に集中することによって，わずかな力でも伝わりやすくなるのです。同じことが，耳の中でも起きています。鼓膜に加わった力が，小さな「あぶみ骨」に集中して，蝸牛の中のリンパ液へ力が伝わりやすくなっているのです。

　そして，耳小骨同士は，ただくっ付いているわけではありません。たがいをくっ付けるための小さな筋肉があるのです。この筋肉は，大きな音が入ってくると自動的に収縮して（縮まって），今度は一転して耳小骨の動きを抑えます。これは**中耳反射**，**耳小骨筋反射**などと呼ばれる現象で，これがあるから，大きな音が入ってきたときは，デリケートな蝸牛を守ることができるのです。

2.3 内耳の役割

　内耳は，人間が音を聞き，その内容を聞き分ける上で最も重要な器官です。前節で述べたように，耳の奥にある渦を巻いたカタツムリのような器官が内耳で，一般に蝸牛（かぎゅう）と呼ばれています。

　蝸牛の構造はとても複雑で，とても精巧です。構造をすべて一度に理解するのは難しいでしょう。そこで本書では，まず，蝸牛で行われている重要な「仕事」について理解していただき，それから構造を細かく説明したいと思います。

2.3.1 蝸牛が担う重要な「仕事」

　蝸牛は，チューブが渦を巻いたような構造になっています。「サザエのつぼ焼き」を食べたことがあるでしょうか。楊枝などを使って蓋を外し，中の身をひねりながら上手に引っ張り出して・・・，つるっとうまく抜けました！ 抜き取ったもの，これが蝸牛だと思っていただければ，イメージとしてはピッタリです（大きさは，かなり違いますが・・・）。

　中耳の耳小骨は，蝸牛の渦巻きの一番外側にあって，蝸牛の外側にある「窓」（前庭窓）につながっています。蝸牛の中（チューブの中）は，先に述べたようにリンパ液で満たされています。空気中を伝わってきた音，すなわち空気の揺れは，耳の穴（外耳道）を通って中耳に伝わります。そして中耳に伝わった揺れが今度は，耳小骨を通して，蝸牛の中のリンパ液を揺らすのです。空気の波（**気圧の変化**）として伝わってきた音は，ここで文字どおりの液体の波に変わるのです。

　蝸牛の中のリンパ液中には，数万本の毛が，整然とビッシリ並んでいます。そして，リンパ液に波が起きれば，この毛もユラユラと波に応じて揺れるとイメージしてください。海の中に生えているワカメのようなイメージですね。

　この毛の1本1本は，**有毛細胞**という細胞から生えています。そして，この有毛細胞は，頭に生えている毛が曲がると，神経の**活動電位**という電気を**聴神経**

に流すのです。この電気が聴神経から脳に届いて，私たちは「音が聞こえた！」と感じているのです。

この毛は，どんな音が入ってきても無関係に，勝手に揺れているわけではありません。図 2.2 のように，入ってきた音の周波数が低い場合は内側（蝸牛の奥のほう）で大きく揺れ，周波数が高い場合は外側（蝸牛の手前のほう）が大きく揺れる構造になっています。

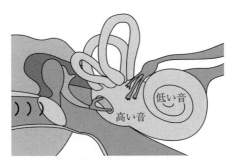

図 2.2　蝸牛内の周波数分布の様子

これが，最も重要な部分です。

皆さんが「キーン」という高い音を聞いているときは，蝸牛の中の手前側の毛が揺れ，「ボー」という低い音を聞いているときは，奥側の毛が揺れているとイメージしましょう。そして，聴神経からは，蝸牛の中の「どの位置の毛が揺れたか？」という情報も脳に送られています。外側のほうの毛から活動電位が送られれば高い音，内側のほうの毛から送られれば低い音というふうに，私たちは音の周波数を感じ取っているのです。

蝸牛で行われているこれらの仕事のイメージは，本書のウェブサイトでアニメーションで見ることができますので，ぜひご覧ください。まずは，ここまでの話とアニメーションで，蝸牛が担う役割をしっかりと理解した上で，先に読み進んでください。

2.3.2 蝸牛の正確な構造

蝸牛で行われている重要な仕事について，大まかにイメージしていただけたところで，ここからは，さらに詳しく，正確に蝸牛の構造について説明したいと思います。

じつは，蝸牛の中は，先に述べたような単なるチューブのような形状ではなく，また，中に生えている毛も，ワカメのように単純にユラユラ揺れているわけではありません。

蝸牛の中は，実際には，**図 2.3** のように，2枚の薄い膜で仕切られた3階建ての構造になっています。蝸牛の渦巻き（つまり，うまく抜き取ったサザエを）をグンと引っ張って伸ばしてまっすぐにし，それを輪切りにすると，中に三つの穴が空いている，とイメージしていただければよいと思います。この三つの穴，つまり階の中は，すべてリンパ液で隙間なく満たされていて，さらに，このチューブの先端のところで上の階と下の階がつながっています。真ん中の階は，他の階とつながっていません。真ん中の階と下の階を仕切る膜は**基底膜**と呼ばれていて，この膜が，人間が音を聞き，内容を認識する上で，とても重要

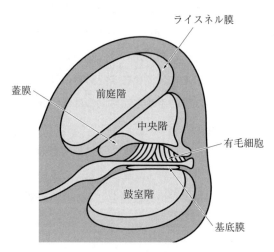

図 2.3 蝸牛の構造

2.3 内耳の役割

　中耳の耳小骨は，蝸牛の渦巻きの一番外側にあって，3階建ての上の階にある「窓」(前庭窓) につながっています。中耳に伝わった音の揺れが，今度は，耳小骨を通して，蝸牛の中のリンパ液を揺らすのです。すると，蝸牛の中を仕切っている，とても薄い「基底膜」が，リンパ液の揺れに応じて変形 (湾曲) します。水の中に薄いシートを張ったさまを想像してください。水の動きに応じて，シートもユラユラと変形するでしょう？ それとまったく同じで，リンパ液の中の基底膜は，リンパ液の揺れに応じて変形するのです。

　チューブ状になった蝸牛の一番外側の窓から力を加えられてできたリンパ液の揺れは，チューブの中を奥へ奥へと進みます。それと一緒に基底膜の変形 (湾曲) も，進行波となって奥へ奥へと進みます。ここで基底膜は，図 2.2 のように入ってきた音の周波数が高い場合は，膜の手前側 (蝸牛の外側の方) で大きく湾曲し，逆に，周波数が低い場合は内側 (蝸牛の奥のほう) で大きく湾曲する構造になっています。

　基底膜の上には，数万本の有毛細胞と呼ばれる毛 (**不動毛**) が生えた細胞が整然とビッシリ並んでいます。この「毛」の上には**蓋膜**と呼ばれる蓋がかぶさっています。

　図 **2.4** のうち，図 (a) は，蓋膜，不動毛，有毛細胞，基底膜，聴神経の様子

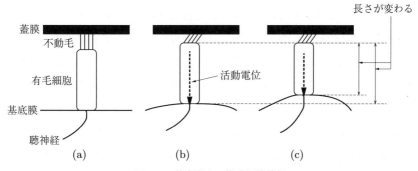

図 **2.4**　基底膜上の構造と聴神経

を模式的に表したものです。図 (b) は，基底膜の湾曲により有毛細胞が持ち上げられて，不動毛が蓋膜にぶつかり曲がっている様子を表しています。有毛細胞は，頭に付いている不動毛が曲げられると「神経の活動電位」を発生させるのです。有毛細胞には聴神経が接続されています。聴神経は繊維状になっていて，人間では片耳に約 3 万本あります。活動電位は，この**神経線維**の中を走って，**脳幹**へと向かって音の情報を伝えていくのです。

　先に書きましたが，入ってきた音の周波数によって基底膜の湾曲部位は変わります。基底膜の上には数万個の有毛細胞が整然と並んでいます。よって，湾曲部位によって神経の活動電位を発生する有毛細胞が変わるわけです。例えば，高い周波数の音が入ってきたときは，基底膜の蝸牛の外側の部位が大きく湾曲し，その上に乗っている有毛細胞が持ち上げられて不動毛が曲がります。すると，そこの有毛細胞から活動電位が流れるわけです。人間は，聴神経を介して，「どの部位の有毛細胞から電位が発生したか？」を認識し，そこから音の高さ（周波数）を認識しているのです。ここで，ようやく，1 章でお話した「周波数」が出てきます。

　この世の音は，ほとんどすべてが，さまざまな周波数成分が混じり合ってできています。声や音楽などは，その周波数成分の混じり方で，言葉の違いや音色の違い，音の豊かさなどを表現しています。この周波数成分の変化はとても複雑で，そして，とても繊細で，ほんの少しの違いで，聞いた感じはグンと変わってしまうのです。人間の音声では，周波数成分のほんの少しの違いが，言葉の意味をまるで違うものにしてしまう場合もあります。このわずかな違いを聞き分けるために，蝸牛には数万本の有毛細胞があります。どの細胞とどの細胞から活動電位が発生したか？という周波数成分のパターンを聴神経から脳に送ることで，私たちは言葉の意味や声質，音色，旋律，歌声などを認識し，感じているのです。そのために，外耳，中耳，内耳からなる聴覚の末梢器官，そして，特に周波数の違いを認識するためのセンサーである蝸牛は，とても精密，繊細でデリケートにできています。

　繊細でデリケートな器官ですから，強い力が加わると，すぐに壊れてしまい

ます。そんな蝸牛を守るために，中耳は強すぎる力が加わることを中耳筋で防いでいました。そして，内耳では，有毛細胞の中で特に**外有毛細胞**と呼ばれる細胞が，蝸牛を守るのに一役買っています。外有毛細胞は，活動電位を聴神経に伝えるだけでなく，強い音が入ってきたときに，その強さを和らげる役割をも同時に果たしているのです。図 2.4 (c) は，基底膜が大きく変形した際に，外有毛細胞の長さが短くなっている様子を表しています。外有毛細胞は，自動車のサスペンションのように，強い力が加わったときに，そのショックを吸収する役割も果たしているのです。

　音の物理的な特性と，その音を聞くための聴覚の仕組みについて，イメージできたでしょうか？ここからは，「じゃあ，私たちは音をどういうふうに聞いているの？」といった感覚的な部分をお話していきたいと思います。音の物理や聴覚の仕組みを理解することは，とても重要です。しかし，その結果として，どのように聞こえているのかがわからなければ，ただ単に理論を勉強したに過ぎなくなってしまいます。ここでは，最も重要な「聞こえ方」「感じ方」について，その基本的な部分だけでも知っていただきたいと思います。

　音を表現する基本的な単位が，周波数を表す Hz と**音圧レベル**を表す dB であることは，ここまでの話で，もう大丈夫だと思います。次節では，人間は，どの程度の周波数，どの程度のレベルの音を聞けるのかについて話したいと思います。

2.4　聞こえる音の範囲

　結論からいってしまいますと，人間の聞こえる音の範囲というのは，だいたい図 **2.5** に示すようになっています。これは，20 歳前後の人の平均的な値で，**ISO** という国際機関から出されている公式なデータです（人間の**聴力**は，20 歳を超えるあたりから悪くなっていくと考えられています）。横軸が周波数で，縦軸が音圧レベルです。一番下の線が**最小可聴値**，つまり，聞こえる最も小さい

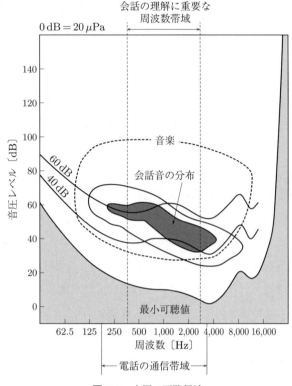

図 2.5 人間の可聴領域

音のレベルです。**聴力検査**を受けたことがある人はイメージできると思いますが,「ピッピッという音が聞こえたらボタンを押してください」といわれ,かすかに聞こえて「エイッ！」とボタンを押したときの音圧レベルだと思ってください。なお,この図は,専用の**受話器**（ヘッドフォン）を使って測定されたデータに基づいて作られています。

2.4.1 最小可聴値は周波数ごとに変わる

図 2.5 を見ていただければ一目瞭然ですが,最小可聴値は周波数ごとに大きく違います。この図を見ると,最もよく聞こえるのは 3,500 Hz くらいで,0 dB 近くまで聞こえています。一方で,125 Hz くらいだと 20 dB でも聞こえません。

1.3 節で，物理的に「強い音」「弱い音」と，人間が感じる「大きい音」「小さい音」は，とても似ていますが，違う部分もあるのです，と書きましたが，つまりはこういうことなのです。物理的には同じ音圧レベル（強さ）の音であっても，周波数が変われば，聞こえる大きさの感じ方は変わってしまうのです。同じ音圧レベル 20 dB の音でも，3,500 Hz であれば聞こえますが，125 Hz では聞こえないか，聞こえてもほんの小さな音にしか聞こえないのです。

　ところで，一般的には，音の周波数成分としては 1,000 Hz あたりが最も重要だといわれています。これは，人間の音声（声）の主要な成分（言葉を聞き分けるために大切な成分）が，1,000 Hz あたりに多いからです（図でも「会話の理解に重要な**周波数帯域**」として示されています）。「人間が生きていく上で最も重要な音は？」と聞かれれば，やはり「音声」となるでしょう。近代は電子メールが急速に普及して，直接話をしなくともコミュニケーションがとれるようになりました。しかし，言語が発達した人間社会においては，やはり「音声」が最も重要なコミュニケーション手段であることに変わりはありません。私たちは，「音声」を聞くことによって，単に意思を伝達するだけでなく，そのときの相手の感情を感じ取ったり，自分の感情を他者に伝えることができます。同じ言葉であっても，「うれしそうないい方」「怒ったようないい方」など，さまざまないい方があるでしょう？ メールなどの文字にしてしまえば変わらないのですが，音声では，そういった感情が伝わる場合も多々あります。

2.4.2　聞こえる周波数の範囲（可聴周波数範囲）

　一般的に「人間の聴覚は最高で 20,000 Hz くらいまでの音を聴くことができます」とよくいわれますが，この事実も，図 2.5 を見ていただければ明らかだと思います。ただし，確かに聞くことはできますが，10,000 Hz を超えたあたりから，最小可聴値のレベルが急激に上昇しているのがわかると思います。20,000 Hz まで聞くことができるといっても，実際に聞こうと思えば，とても高い音圧レベルが必要だということです。しかも，20 歳前後の最も聴力の良い若者で，こんなレベルの話です。あとで述べますが，聴力は加齢とともに衰えていきます。

20歳くらいをピークに，それより年長になれば，聞くことのできる周波数の値はどんどん下がっていくのです。

図2.5には，会話音や音楽が，どの程度の周波数，どの程度の音圧レベルの範囲に存在しているかも示されています。会話音の分布に比べて，音楽はとても広い範囲に分布しているのがわかると思います。図では，音楽の周波数の上限は12,000～15,000 Hzくらいになっていますが，生演奏であれば，楽器によっては，もっとずっと高い周波数帯域まで成分が存在します。

2.5　気導と骨導の違い

2.5.1　骨導（骨伝導）とは？

音は耳で聞くものです。正確にいうと，先の節でお話したように，外耳から中耳，内耳を通して，私たちは音を聞いています。しかし，じつは，私たちが音を聞く経路は，もう一つあるのです。それが**骨導（骨伝導）**です。専門用語で大別すると，これまで述べてきた，外耳～中耳～内耳で音を聞く経路は**気導**と呼ばれ，もう一つの経路は「骨導」と呼ばれます。ここでは，この「骨導」に

コーヒーブレイク

可聴帯域に関する議論

　人間が聞くことのできる最高周波数は20,000 Hzといわれていますが，これは，**純音**を用いて最小可聴値を測定した結果です。ある特殊な環境下においては，**超音波**（人間が聞くことができない周波数の音。一般的には20,000 Hz以上の音として知られる）が聞こえる場合があるとの研究レポートも出されています。また，人間が聞こえていると意識できなくても，超音波を与えると人体や人間の精神に影響を及ぼす場合があるとの研究レポートも存在します。ただし，これらについては，学術的な見地からの反論が出されているケースも少なくなく，真偽の結論が明確に出ているとはいえない状況です。なお，ここで，これらに関する著者らの見解を述べることは，本書の主旨にそぐわないものと考えています。よって，本書では，あくまでISOのデータに基づいて「聞こえる」「聞こえない」を定義し，述べています。

ついて，お話しましょう．

2.1〜2.3 節でお話したとおり，人間は空気の波である音を耳の穴を通して鼓膜で受けて，耳小骨が蝸牛の中のリンパ液を揺らすことによって聞いています．極端ないい方をすれば，外耳と中耳がなくても，蝸牛の中のリンパ液が揺れれば，私たちは音を聞くことができるのです．

骨導は，文字どおり骨を通して音を聞く経路です．具体的にいうと，**図 2.6** のように，中耳を使わずに，**頭蓋骨**を揺らすことによって，頭蓋骨の中に収まっている内耳に音を直接伝える経路なのです．骨伝導式の携帯電話が，一時期，少しだけ流行ったことがありました．携帯電話をこめかみなどの硬い骨に当てると音が聞こえる仕組みでした．また，最近では，一般の音楽プレーヤーで使うことができる骨伝導式ヘッドセットも市販されています．体験した人は，ちょっと不思議な感じがしたかもしれません．耳の穴ではなく，こめかみや耳の裏側の骨（**乳様突起**）などに当てているのに，音がハッキリ聞こえるのですから．

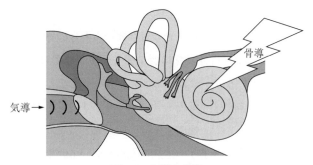

図 2.6　気導と骨導

あれは，携帯電話のスピーカーや普通のヘッドフォン（イヤフォン）から出るはずの音を，**振動子**（バイブレーター）を使って振動に変えて出していたのです．空気の揺れだった音を，機械の振動に変換してしまったのです．その振動子を骨に当てれば，振動は骨の中を伝わって，内耳にも伝わります．そうなれば，蝸牛の中のリンパ液にも揺れ（波）が起きますので，基底膜が湾曲して有毛細胞に生えた不動毛が屈曲し，音として聞こえるのです．簡単にいってしまえ

ば，鼓膜や耳小骨を使わずに，蝸牛がある頭蓋骨を直接揺らして蝸牛の中のリンパ液に波を起こし，それを音として聞いていると考えればよいでしょう。

この技術は，耳の穴が塞がった状態の**外耳道閉鎖症**の方や，なんらかの事情で鼓膜や耳小骨を失ってしまった方のための**補聴器**として進歩しました。

2.5.2 あなたも骨導で音を聞いている！

私たちは，普段の生活でも，骨導を当たり前のように使っています。最もよく使っているのは「自分の声」です。声は，**肺**からの空気が**声帯**の振動（開閉運動）によって形作られて，喉から口，唇を通して出されています。その過程で，頭蓋骨内のアチコチで振動が起きることは容易に想像できるでしょう。その振動は内耳にも当然伝わりますし，声帯や喉や口は，内耳とはとても近い距離にありますから，かなり強い振動となって伝わるのです。私たちは，唇から出た自分の声を，気導を通して聞きつつ，同時にかなり高いレベルで骨導を通して聞いているのです。

実感しやすいのは，録音された自分の声を聞いたときの感覚です。周りの人は違和感を覚えませんが，自分自身は変な感じですよね？ 録音された自分の声って，気持ち悪いというか，なんともいえずおかしな感じです。なぜかといえば，私たちは，自分の声は「気導＋骨導」で，しかも骨導の割合がかなり高い状態で聞いていて，一方で，他の人々は，ほとんど気導だけであなたの声を聞いているからなのです。つまり，全然違う声を聞いているのです。録音された声が，周りの人が普段から聞いているあなたの声なのですが，それはあなたが普段聞いている（骨導が強い）声ではないのです。

ほかにもあります。例えば，おせんべいをパリパリと食べているとき。目の前にいる人が，すごくおいしそうな音でパリパリ，ボリボリ・・・。自分も食べてみたけど，どうも，あのおいしそうな音と違う，なんて経験はないでしょうか？ 著者は小学生のころ，姉が食べているおせんべいなどのお菓子の音につられ，一緒に食べてみたけど，姉のようなおいしそうな音が出ないなぁ，とよく思ったものでした。これも，骨導の影響が大きい例です。特に，おせんべいの

2.5 気導と骨導の違い

ように硬い食べ物は頭蓋骨をよく振動させますので、他者が出している音と自分が出す音のギャップは大きいでしょう。しかし、軟らかい食べ物であっても、口の中で咀嚼する物に関しては、咀嚼時に自分に聞こえる音と他者に聞こえる音はかなり違うと思って間違いありません。

こうしてお話すると、自分の声や食べるときなど、頭蓋骨を直接的に揺らすときしか骨導は使われていないような気がしてきます。しかし、私たちは、普通に音を聞いているときにも、気導と骨導の両方を使っているのです。指で耳を塞いでみましょう。どんなに強く塞いでも、かすかに音は聞こえるはずです。完全に無音にはできないはずです。目は、つぶれば、ほぼ完全に真っ暗になりますが、耳は、どんなに塞いでも完全な無音にはできません。

これは、骨導が生きているからです。音は空気の揺れですから、この揺れは鼓膜だけでなく、頭蓋骨にも当たります。すると、このかすかな揺れが蝸牛に伝わるのです。例えば、ヘッドフォンをして、右耳の側だけから音を出したとします。当然、大部分の音は右耳で聞こえるわけですが、わずかですが、左耳でも聞いているのです。骨導を通して、左側まで音が伝わるからです。

具体的にいうと、ヘッドフォンで片側だけに入った音は、骨導を通して、50〜60 dBほど減衰して（弱くなって）反対側の耳で聞こえるといわれています。また、右耳の裏側の骨（乳様突起）に振動子を当てて、直接骨導で音を聞いた場合に、左側の耳にどれくらいの音が伝わるかというと、これは0〜5 dBの減衰といわれています。右耳に近い骨を振動させても、頭蓋骨を直接振動させていることに変わりはありませんから、この場合は気導の場合と違って、ほとんど同じくらいのレベルで反対側の耳にも聞こえてしまうのです。つまり、反対側の蝸牛も同じくらいに揺さぶられてしまうのです。これらは、**交叉聴取**（**陰影聴取**，**クロスヒヤリング**）と呼ばれる現象です。

耳鼻咽喉科などでは、**難聴**の診断をする場合などに、通常の受話器（ヘッドフォン）を使った**気導聴力検査**と振動子を使った**骨導聴力検査**の両方の検査を行う場合があります。なぜだか、わかりますか？

気導聴力検査の際の音が伝わる経路は

外耳道 → 鼓膜 → 耳小骨 → 蝸牛 → 聴神経

であり，骨導聴力検査の経路は

　　蝸牛 → 聴神経

ですね。ということは，気導検査と骨導検査の結果が同じであれば，その難聴の原因は蝸牛にあるということです。一方で，気導検査の結果は異常なのに，骨導検査の結果が正常だったら，蝸牛は正常です。これは（外耳道 → 鼓膜 → 耳小骨）のどこかに原因があるということです。つまり，この両検査の結果を比較することにより，難聴の疾患の部位の特定や原因の予測ができるのです。

Chapter

3

聴覚心理学と音声学を学ぶ前に知っておくべきこと

　1章と2章で，音とはなにか？と，人間はその音をどうやって聞いているのか？をイメージしていただけたと思います。つぎは，ぜひとも，その音や聴覚が，私たちの生活の中で具体的にどのように活かされているのかを考えてほしいと思います。

　私たちの生活の中にあるさまざまな音。人間はそれらの音をどのように感じているのか，その感じ方に個人差はあるのか，などなど，音に対する人間の感じ方を調べ，考えるのが聴覚心理学です。また，「他者とのコミュニケーション」は，私たちの生活，人生において，最も重要な要素の一つといえます。そこで重要な意味を持つのが，声，言葉ですね。皆さんは，いつも当たり前のようにお喋りをしたり，歌ったりしていますが，その声は，どのようなメカニズムで発せられているのでしょうか？ それを調べ，考えるのが音声学です。

　本章では，1章と2章で得られたイメージからさらに進んで，聴覚心理学や音声学を学んでいくために最低限必要となるであろうお話をしておきたいと思います。

3.1 ラウドネス 〜音の強さと大きさの違い〜

2.4 節「聞こえる音の範囲」で，最小可聴値が**周波数**ごとに大きく異なるというお話をしました。このことを理解していただければ，音の大きさの感じ方も周波数ごとに違うであろうことは，容易に想像できるでしょう。例えば，同じ**音圧レベル** 60 dB の音であっても，周波数が変われば，大きさの感じ方はまったく違ってくるのです。

音圧レベルは物理的な指標であり，「音の強さ」を表します。しかし，それは，感じ方である「音の大きさ」とは異なるものなのです。音の強さと大きさは，特に日本語では同じ意味で使われてしまうケースが多いようです。そこで，言葉の混同を避けるために，音の大きさを**ラウドネス**と呼ぶ場合もあります。

図 3.1 は，このラウドネスの等感曲線で**等ラウドネスレベル曲線**と呼ばれるものです。つまり，人間が周波数の異なる音を聞いた際に，「周波数は違うけど，

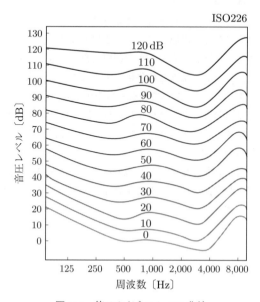

図 **3.1** 等ラウドネスレベル曲線

大きさは同じくらい」と「感じる」音圧レベルを線でつないだものです。

　一番下の最も薄い線は，2.4 節でお話した最小可聴値の線です（この図のデータは，受話器ではなく，スピーカーから出た音を用いて自由音場†で測定されていますので，2.4 節の最小可聴値とは若干数値が異なっています）。そして，上に行くに従って音圧レベルが 10 dB，20 dB，… と上がっていって，そのレベルごとに線が描かれています。例えば，50 dB の線を見てみましょう。1,000 Hz では 50 dB ですが，3,000 Hz では 45 dB くらい，8,000 Hz では 55 dB くらいになっています。これは，50 dB（1,000 Hz），45 dB（3,000 Hz），55 dB（8,000 Hz）が，同じ大きさに聞こえる（感じる）ということを示しています。この 1 本 1 本の曲線が「等ラウドネスレベル曲線」で，最小可聴値を示す曲線と同様に **ISO** から公式に公表されているデータです。1,000 Hz を基準に測定されていて，1,000 Hz のところはすべて，線上（縦軸）に示された音圧レベルになっています。

　等ラウドネスレベル曲線の音圧レベルを，特別に**ホン**という単位で呼ぶ場合があります。大きな駅のロータリーなどに「ただいまのこの場所の騒音は ○○ ホン」などという掲示板があったのを覚えている人もいるかもしれません。このホンという単位は，物理的な単位である**デシベル**ではなく，同じ大きさに感じるという「感覚的」な単位です。先ほど例に挙げた 50 dB の等ラウドネスレベル曲線で考えると，1,000 Hz では 50 dB，3,000 Hz では 45 dB，8,000 Hz では 55 dB の音がすべて「50 ホン」ということになります。等ラウドネスレベル曲線は 1,000 Hz を基準に書かれていますので，音の周波数が 1,000 Hz の場合だけはつねに音圧レベルの dB 値とホンの値が一致します。このホンという単位は，以前は騒音レベルなどを表すのによく使われていましたが，近年は騒音レベルを表すのもデシベル（dB）に統一されて，ほとんど使われなくなりました。

　ちなみに，最小可聴値も等ラウドネスレベル曲線も，すべて**純音**（単一の周

---

† 境界による音の反射，屈折，回折，干渉などがなく，音に対する境界の影響を考えなくてよい場所のこと。この場合は，音の反射などがほとんど起きないように設計された「無響室」で測定されたものと思われます。

波数で構成された「ピー」という音）で測定されています。純音は，このような基準となるデータを測定するのに，とても適した音です。周波数成分が一つだけですので，異なる周波数の音が混じり合った場合の影響や作用を無視して，その周波数の反応だけを見ることができるからです。**聴覚**の末梢器官，特に**内耳**の仕組みから考えても，一つの周波数だけで測定すれば，それはその周波数に相当する**有毛細胞**の機能だけを見ていることになります。**聴力検査**などで難聴の診断をしたり，音の大きさの等感レベル（等ラウドネスレベル）を調べたりするのに，とても都合が良いのです。

しかし，この世に存在する実際の音は，純音のように単純ではありません。すべての音が，さまざまな周波数成分が混じり合ってできた**複合音**なのです。人間の声，音楽，鳥の鳴き声，川のせせらぎの音，自動車の騒音‥‥，私たちの耳に聞こえるすべての音は，さまざまな周波数成分が，それぞれ強弱を変えて混じり合っているのです。この周波数成分の強弱バランスの微妙な違いが，言葉の意味や声の感情，音の種類，音楽の良し悪しなどを決めてしまうのですから，一つひとつの周波数成分の役割がとても重要です。純音のように単純にはいかないのです。

例えば，3,000 Hz と 8,000 Hz の 2 種類の周波数成分で構成された音のラウドネスは，どうなるのでしょうか？ そこに，300 Hz の音が加わったら？ 組合せは無限で，いかに国際機関の ISO であっても，この無限の組合せの音に関する等ラウドネスレベル曲線を測定するのは不可能です。

等ラウドネスレベル曲線も，最小可聴値の曲線も，あくまで純音における結果であることを忘れてはいけません。この世に存在する音は，そんな単純な構成ではないのです。とはいえ，先に述べたように，これら純音での結果は，人間の聴覚の基本的な部分の能力や感覚を教えてくれる，とても貴重で重要なデータであることに間違いはないでしょう。

3.2 なぜ耳は二つあるの？

3.2.1 音の方向を知る

　皆さんは，耳って，なぜ二つあるのだと思いますか？　そんなの，考えたこともない？　でも，ここでは，ちょっと考えてみましょう。

　まず，パッと思いつくのは，ビジュアル的な問題です。どちらか片方だけだったら，見た目にちょっとアンバランスかもしれません。もし一つだけなのだとしたら，頭のてっぺんとか，顎の先とか，そういう場所に配置されていたのかもしれません。神様の美的感覚は，顔の両側にバランス良く配置することを選んだのでしょう。やはり，両側にあるほうが格好良い気がしますね。

　ほかには，どんな理由があると思いますか？　ズバリ，答えを先にいってしまうと，「音の方向を知るため」，すなわち音源定位のためです。人間は，なにか音がすると，即座にその方向を見ます。どこかで「ドーン！」という音がすれば，反射的に，その方向を見るはずです。しかも，その方向感って，かなり正確なはずです。

　視覚（目）や嗅覚（鼻）には，方向を知る能力はほとんどありません。後ろでだれかが「アカンベー」をしていても，気がつきませんよね？　視覚は，顔の前側の限られた範囲の物しか見ることができませんから，しようがないことです。

　教室でだれかがオナラをして・・・，そのオナラが音がなく，くさ〜いヤツだったとして・・・，でも，その臭いがだれから発せられてるのかって，なかなかわからないものです。満員電車などでもありますよね。どこからともなく，エラく強烈な臭いが・・・，しかし，犯人探しは容易ではありません。逆にもし自分が犯人であっても，なに食わぬ顔をしていたり，他の人と一緒に臭そうな顔をしていればバレることはない。完全犯罪です！

　話をもとに戻しましょう。耳は，人間にとって最大の方向探知装置なのです。危険が迫ってくる——車が近づいてくる！　爆発音が聞こえた！　母ちゃんが怒っ

て走ってくる！・・・，どっちの方向から来ているのか瞬時に判断して，反対の方向へ逃げるでしょう？

　なぜ，そんなに正確にわかるかというと，耳が二つあるからなのです。例えば，あなたの左斜め前方で音がしたとしましょう。その音は，空気の中を伝わって，あなたへと到達します。左の耳に先に到達するでしょう？　ほんの少しの差ですが，確実に左の耳に先に到達します。この，左の耳と右の耳に音が到達する時間の差は**両耳間時間差**と呼ばれます。それから，左耳に入る音のほうが，少しだけ大きいはずですよね？　音がしたほうに距離が近いのですから。この，両耳に入る音の大きさの差が**両耳間強度差**です。人間は，大まかにいうと，この「両耳間時間差」と「両耳間強度差」を使って，音の方向を知るといわれています。

　ここで，例えば「両耳間時間差」について考えてみます。音が正面からなら，両耳に同時に到達するから両耳間時間差はゼロです。真横からなら，両耳間時間差は最も大きくなります。45°ならその中間くらいの値だろうというのは，容易に想像できます。人間は，両耳間時間差がどれくらいの値で，その音の方向を知るのです。この「両耳間時間差」がだいたいどれくらいの値かといいますと・・・，1,000分の1秒よりも短い時間です。そんな短い時間差を，人間は両耳で感知し，脳でその結果を判断して，瞬時に方向を認識しているのです。どこかで爆発音がしたときなどに，その方向を振り向くまでの反応時間を考えれば，人間の両耳と，それを判断する脳の精度，そしてそのスピードが大変なものであることがわかります。

3.2.2　カクテルパーティ効果

　もう一つ，耳が二つある理由をご紹介しましょう。居酒屋，スタジアム，パチンコ屋など，周囲に騒音が多い場所でも人間は会話をすることができます。昼時のレストランや夜の居酒屋さんなど，かなり騒々しい場所でも，多少の苦労はしますが，私たちはちゃんと相手のいっていることを理解できます。ああいった場所で，専用の測定器とコンピュータを用いて音の分析をして，その中

から必要な「声」（音声）を見つけ出したり，その会話内容を認識したりすることは，じつは至難の業なのです。周囲の騒音に埋もれてしまった声を的確に見つけ出して，その内容を完璧に理解するのは，現代の技術をもってしても，かなり難しい部分があります。

では，なぜ人間にはできるのでしょう？　人間の聴覚にはさまざまな能力がありますので，「これ！」と一つに決めるのは難しいのですが，「耳が二つあること」は，騒音の中で必要な音を聞き分けるためには，とても重要な要素の一つなのです。

先に述べましたように，私たちは，二つの耳に入ってきた音のタイミングや大きさの違いから，音がどの方向から来ているのかを脳の中で判断しています。ですから，話し相手がいる方向から来る音に対する感度だけを上げることもできるのです。もちろん，それだけではなくて，他の情報もさまざまに用いて，私たちは騒音の中で必要な音を聞き分けているのですが，両耳の能力が大きく寄与していることは間違いのない事実です。

このように，騒音の中で必要な音を聞き分ける能力は**カクテルパーティ効果**と呼ばれていて，聴覚の優れた機能の一つとしてさまざまな研究機関で，いまも盛んに研究されています。「カクテルパーティのように大勢の人が喋っている騒々しい中でも，人間は話し相手の言葉を理解できる」ということから名付けられたそうです。

これら両耳の効果について最もわかりやすいのは，「ステレオ」でしょう。RチャンネルとLチャンネルにそれぞれ異なる音を録音して，人間の両耳効果を利用して，音にリアル感を与えているのです。例えば，左右のスピーカーの正面に座り，車が左から右に移動している様子を，音だけで体感することができます。

図**3.2**のように，初めに左のスピーカーから車の音を小さく出します。その音を徐々に大きくしていけば，車が左から近づいてくるように聞こえます。そして最大音量になったところで，今度は徐々にその音量を下げるとともに，右のスピーカーから音を出し始めます。左の音量を下げつつ，右のスピーカーの

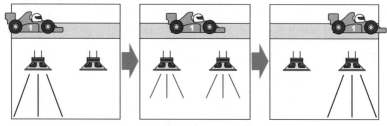

図 3.2 両耳効果を用いた簡単ステレオ体験の例
左右のスピーカーから出る音のレベルを連続的に変化させると，
音源が移動しているように聞こえる場合がある。

音量を上げていけば，車は左から右に通過したように聞こえます。最後に右のスピーカーの音を徐々に下げていけば，車が右方向に走り去ったように聞こえるのです。両耳間時間差と両耳間強度差を組み合わせた，簡単ステレオ体験ですね。

音楽のステレオ録音，ステレオ再生も，原理的には同じです。オーケストラの演奏を 2 本のマイクで録音すれば，マイクの近くに配置された楽器の音のほうが，そのマイクに早く到達しますし，音圧レベルも高いはずです。マイクから離れた位置に配置された楽器の音は，その逆ですね。そして，反対側のマイクでは，これがまったく正反対の様相で録音されるわけです。収録したままを，右のスピーカーと左のスピーカーからそのまま再生すれば，私たちの両耳にも，その時間差と強度差が反映されて，リアルで臨場感のある音楽を体感できるわけです。両耳効果あってのステレオ録音ということです。

3.3 聴力の個人差

聴覚の構造や，人間の聴覚の持つ機能についてお話してきましたが，これは，だれもが一律に同じだというわけではありません。視力が個々に違うように，**聴力**も個々に差があるのです。若者と高齢者では，その差はさらに明確に，歴然としてきます。

モスキート音という言葉を聞いたことがあるでしょうか？ 若者には聞こえる

けれど，年配者には聞こえないという音で，一時期，ちょっとした流行になりました．あれは，だいたい 17,000 Hz くらいの音です．人間の**可聴周波数**範囲は，加齢とともに狭くなっていきます．具体的には，聞くことのできる周波数がどんどん下がっていくのです．20,000 Hz まで聞くことができるのは，一般には 20 歳前後の若者だけです．ですから，大まかに 30 歳を過ぎたあたりから 17,000 Hz の音を聞くのはだんだん難しくなってくるのです．モスキート音は，遊びで使う人も多かったのですが，じつはこんなしっかりとしたデータに基づいて作られた音だったのです．

3.3.1 オージオグラム

聴力検査を受けたことがあるでしょうか？ほとんどの人が視力検査は受けたことがあると思いますが，きちんとした聴力検査を受けたことのある人は少ないと思います．学校などの集団検診で受けるのは簡易の聴力検査です．どれくらい聞こえるかを測っているのではなく，「これが聞こえなかったら難聴かも」というレベルの音を聞かせて，それが聞こえれば終わりなのです．

正規の聴力検査では，**オージオグラム**と呼ばれる**聴力図**を測定します．**図 3.3** はオージオグラムの一例です．○が右耳，×が左耳の結果です．縦軸の**聴力レベル**は，単位は dB ですが，音圧レベルではありません．

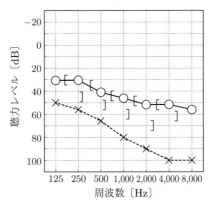

図 3.3 オージオグラムの例

図 2.5 の最小可聴値の曲線を思い出してください．人間の最小可聴値は周波数ごとに異なるのでした．そして，ISO が出している最小可聴値は，最も聴力が良いであろう 20 代の若者の平均的な結果でした．聴力レベルは，あの最小可聴値の値を 0 dB として，そこからの「差」を表しています．ですから，かりに，あなたの聴力検査の結果がすべての周波数で 0 dB であれば，それは，あなたの聴力は ISO が示す 20 代若者の聴力とまったく同じということになります．図 3.3 では，右耳の 500 Hz が聴力レベル 40 dB になっています．これは，この人の 500 Hz の聴力は 20 代若者の平均的な聴力よりも 40 dB ほど落ちている（悪い）ことを示しています．ちなみに，"[" と "]" は，それぞれ右と左の骨導聴力検査の結果です．ヘッドフォンではなくて，骨導振動子を用いて測った聴力です．よって，"[" と "]" は内耳だけの聴力を，○と×は**外耳，中耳，内耳**をすべて合わせた聴力を見ていることになります．

図 3.3 のオージオグラムでは，右耳は気導と骨導の結果が，ほぼ同じですから，この人は内耳の具合が悪くて聴力が落ちていることになります．一方，左耳の結果は，骨導よりも気導のほうが少しだけ落ちています．内耳の落ち具合は "]" のレベルですが，×はそれよりも落ちていますから，外耳か中耳にも少しだけ問題があるということです．ちなみに，内耳が正常で，中耳炎などで聴力が落ちている場合は，骨導の結果は正常で，気導の結果だけが落ちて出ます．

このようにして見ると，自分の聴力が 20 代の若者に比べてどの程度落ちているのか，そして，どの周波数で落ちているのかが一目瞭然となります．図 3.3 のオージオグラムでは，高い周波数になるほど聴力が落ちています．一般に，年をとると高い周波数の聴力が落ちてきますので，これが高齢者の結果であれば，ある意味ではやむを得ない傾向といえるかもしれません．右耳よりも左耳のほうが，高い周波数へ向けての傾斜が急激です．これは，高い周波数の聴力がより落ちていることを示しています．加齢によって，高い周波数の聴力が落ちると書きましたが，このように，その落ち方の傾向は個人個人でさまざまです．ちなみに，図 3.3 のオージオグラムは**老人性難聴**の方のもので，左耳がかなり悪くなっている例です．

このように，聴力は個人個人でさまざまで，さらに年を重ねていくと，その個人差はどんどん大きくなっていきます．50代でもほぼ正常な人もいますし，40代でかなり落ちてしまっている人もいます．その差は数十dBに及ぶことも珍しくありません．

3.3.2 難聴とは？

そもそも難聴とは，どういう状態を表すのでしょうか．一般的には，音が聞こえない，聞こえにくい状態を指しますが，そのメカニズムは，とても複雑です．難聴は，伝音性難聴と感音性難聴に大別されます．**伝音性難聴**は，おもに鼓膜付近（中耳）の疾患によって起こる難聴です．中耳炎による難聴が最も有名で，多くの場合は，耳鼻科で適切な治療を受ければ良くなります．**感音性難聴**は，おもに内耳に問題があって起こる難聴です．渦巻き状の**蝸牛**の中の，有毛細胞の上に生えた毛（不動毛），これが感音性難聴のキーワードです．この毛・・・，なんと！加齢に応じて，倒れてしまったり，抜けてしまったりするのです．人間が耳に入ってきた音を認識する際，高い周波数の音は手前（渦巻きの外側）の，低い周波数の音は奥（渦巻きの内側）の有毛細胞が担当しているのでしたね（2.3節参照）．そして，この毛は，渦巻きの外側のほうから倒れたり，抜けたりし始めるようでして・・・，まるで頭髪がおでこの上や頭頂部から抜けていくように・・・．

ここまでお話すれば，もうおわかりかと思いますが，多くの感音性難聴では，高い周波数の音から聞こえにくくなってくるのです．老人性難聴の大部分も感音性難聴ですから，年をとると高い周波数から聞こえなくなってきます．そこから毛が倒れたり，抜けたりしていくからです．高い周波数の音が聞こえないと，日常生活では，例えば，家電品のお知らせ音が聞こえないなどという問題が出てきます．電子体温計の音ですとか，冷蔵庫の扉が開けっ放しのときの警告音などが聞こえないというケースです．言葉の聞き取りでは，高い周波数成分を多く含む**無声音**（3.4節参照）の子音などの聞き取りが悪くなります．

さらに，例えば頭髪の場合，多くの人は，おでこの上や頭頂部の毛が抜けてくるとともに，全体の毛の量も薄くなってきますね．蝸牛も同じで，渦巻きの外

側の毛が抜けてくると同時に，全体の毛も薄くなってきます。全体の毛がまばらに薄くなると，耳に入ってきた音の周波数成分を分析する能力，いわゆる**周波数分解能**が低下します。つまり，その音に含まれる周波数成分の微妙な変化や違いを聞き分けられないという症状を起こすのです。周波数分解能が低下すると，言葉の微妙な違いなどが聞き分けられなくなり，結果として，家族や友人，職場の同僚などとの日常のコミュニケーションに大きな支障をきたしてしまう場合が多くなります。

また，感音性難聴には，小さい音は聞こえないが，音が大きくなっていくに従って，聞こえの感覚がだんだんと正常な耳の状態に近づいていく**リクルートメント現象**と呼ばれる症状もあります。ちょっと耳が衰えてきた方が身近にいたとして，普通に話しかけたんじゃ聞こえないみたいだから，大声で話しかけたら，いきなり「うるさい！」っていわれちゃった・・・，こんな経験をされた方もいるかもしれません。これは，典型的な「リクルートメント現象」による症状です。大きい音は，普通と同じようにうるさく感じるのです。

難聴は，単に耳栓をしただけの状態と，けっして同じではありません。周囲の人がこれらのことを理解しているだけで，コミュニケーションがとても円滑になる場合もあるのです。

3.4　声のメカニズム　〜有声音と無声音〜

空気があるところには，必ず音が存在します。私たちは産まれてからつねに空気の中で生活しているわけですから，考え方を変えれば，産まれてから死ぬまで，つねになんらかの音を聞いていることになります。そんな私たちが聞くさまざまな音の中で最も大切な音は？と聞かれれば，多くの人が声（音声）と考えるでしょう。ここからは，人間の音声生成のメカニズムについて，簡単に述べたいと思います。人間の声，言葉がどのようにして作られるのかを，しっかりとイメージしてください。

3.4 声のメカニズム 〜有声音と無声音〜

図 3.4 に人間のおもな**発声器官**を示します。**肺**から出された空気（呼気）は，気管 → **喉頭**（こうとう）→ **口腔**（こうくう）を通って，唇から声として発せられます。

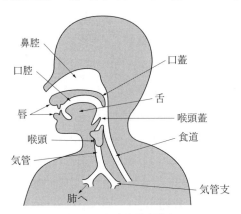

図 3.4 おもな発声器官

もう少し詳しく考えてみましょう。まず，人間の声は**有声音**と**無声音**の 2 種類に大別できます。母音は基本的には有声音であり，子音の多くは無声音です。

有声音というのは，図 3.5 に示すように**喉頭原音**（こうとうげんおん）を**声道**で共鳴させて，口や鼻から出す声です。この喉頭原音とは，喉頭にある**声帯**に挟まれた**声門**が開閉するのに伴って発生する音です。人間が声を出すときは，まず肺から空気を出し，その肺からの空気は，2 枚の襞でできた声帯に到達します。声帯の襞は，ちょうど 2 枚のカーテンのように配置されていて，このカーテンが開いたり閉じたりの開閉運動を行います。声帯が開いたり閉じたりするわけですから，声帯が

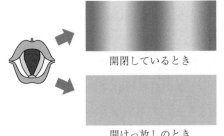

図 3.5 有声音と無声音の喉頭原音の様子

開いているときは肺からの空気が通り（開いているときにできる空気の道を声門と呼びます），閉じているときは遮断されます．つまり，この開閉運動に応じて空気はぶつ切りにされるわけで，このぶつ切りにされた肺からの空気を喉頭原音と呼ぶのです．声帯が太鼓の膜やスピーカーの振動板のように振動するというよりも，肺から送られる呼気が声門の開閉によって断続されることによって，空気の波（**疎密波**）が生じるのです．

一方，無声音はといいますと，これは，声帯が開いたまま（開けっ放し）の状態で出された声のことです．肺からの呼気は，有声音のようにぶつ切りにされるわけではなく，そのまま声門を通過して出ていきます．図 3.5 に，有声音と無声音の喉頭原音の様子を，1 章でお話した空気の密度の変化として示しています．有声音では，声帯の開閉に伴う**音圧**の変化が見られますが，無声音では音圧の変化はなく，単に空気が移動しているだけ（風が起きているだけ）のような状態になっています．

有声音と無声音の違いを感じるために，自分の喉頭のあたりに指を当てて発声してみましょう．喉頭の位置は，図 3.4 を見ればわかりますね．首の喉頭があるあたりに，軽く指を当てた状態で，「あーーーー」と声を出してみてください．指先に細かい振動を感じるはずです．ブルブルと細かく震えているでしょう．これが声帯の開閉運動による振動であり，あなたが有声音を発声した証拠です．

今度は，同じ場所に指を当てて，「しーーーー」といってみてください．このときの「しーーーー」は，静かにしなければいけない場所や場面で，口に人差し指を当てて「静かに」とたしなめる，あの「しーーーー」のいい方です．

「しーーーー」のときは，指先にはなにも感じないはずです．指先に振動が伝わらないということは，声帯が動いていないということで，それは，あなたが無声音を発声した証拠です．

ときどき，「しわがれ声」の人がいますが，ああいう人の中には，声帯にポリープなどの出来物ができて，声帯が完全に閉まらない状態になっている人もいるようです．声帯が完全に閉まらないで隙間ができると，有声音を発してい

3.4 声のメカニズム 〜有声音と無声音〜

るつもりでも呼気が漏れてしまい，有声音と無声音が混ざったような声になるのです。

子音のうち，「マミムメモ」の /m/ や「ナニヌネノ」の /n/ などを鼻音と呼びますが，これらは有声音です。子音には，このほかに，/p/，/b/，/t/，/d/，/k/，/g/ といった**破裂音**，/ts/，/dz/ といった破擦音，/s/，/z/，/f/，/v/ といった摩擦音などがあります。喉頭原音を伴わない子音は，無声音です。

また，音声には，比較的音圧が高くなりやすい音と，音圧が高くなりにくい音があります。このことを実感できる簡単な実験を紹介します。以下は『声のふしぎ百科』[1]†で紹介されている実験です。なるべく声の大きさを変えないで，「んまんま」といってみてください。つぎに両耳を指で塞いで，同じように「んまんま」といってください。耳を塞ぐと，最初の /n/ が後に続く /a/ よりも大きく感じませんか。

2章でお話しましたが，普段私たちは，空中を伝わる成分（気導）と生体内を伝わる成分（骨導）を合わせたものを自分の声として認識しています。しかし，両耳を塞ぐと空中を伝わってくる成分が遮断されるので，骨導の成分が強調されるのです。

鼻腔から鼻を通って発声される /n/ は，口を大きく開いて発声される /a/ に比べて空中に出ていく音圧は低いのです。その分，骨導成分が大きいのですが，普段はそのことになかなか気がつきません。耳を塞ぐことによって，それが認識できるのです。

このように音声には，空中に放射されやすい音とそうでない音があります。口を大きく開いて発音する /a/ や /o/ は比較的音圧が高くなりますが，同じ母音でも /u/ や /i/ は音圧が低めになります。ちなみに前出の『声のふしぎ百科』では，「んまんま」ではなく，「あいうえお」と発声する実験が紹介されています。

---

† 肩付き番号は章末の引用・参考文献を示します。

3.5 基本周波数とフォルマント

音響学 → 音声学を学ぶ人にとっては，ここで説明する**基本周波数**と**フォルマント**という用語は，とても重要です。しっかりと用語の意味を理解するようにしましょう。

3.5.1 基本周波数とフォルマントの意味を知る

3.4 節でお話した有声音の喉頭原音には，基本波と多数の**高調波**が含まれています。基本波の周波数を基本周波数といいますが，この周波数は，声門が開閉する頻度で決まります（高調波は，基本周波数を 2 倍，3 倍，4 倍 … としていった周波数を持つ成分のことで倍音とも呼ばれます）。

基本周波数については，「**ピッチ**」という言葉が使われる場合もあります。ピッチとは**周期**のことなので，図 **3.6** のように，この場合は声帯の開閉の周期（時間）を表すことになります。

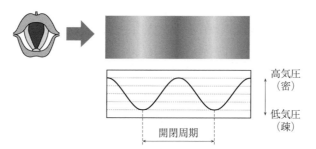

図 **3.6** 喉頭原音と基本周波数
有声音の基本周波数は，声帯の開閉周期，つまり声帯から発せられた疎密波（喉頭原音）の周期で決まる。

例えば，声門が 1 秒間に 125 回の頻度で開閉すれば，基本周波数は，125 Hz になります。ここで，声門の開閉の周期がピッチですから

$$\text{ピッチ〔秒〕} = \frac{1}{\text{基本周波数〔Hz〕}} \tag{3.1}$$

ですね。よって，基本周波数が 125 Hz であれば

$$\text{ピッチ} = \frac{1}{125} = 0.008 \text{ 秒} = 8 \text{ ms} \tag{3.2}$$

となります（ms = 1/1,000 秒）。

ピッチについては，「ピッチ周期」という人もいれば，「ピッチ周波数」などという用語を使う人もときどきいます。聴覚心理学の分野では，基本周波数は，声帯の開閉周期で決まる基本波の物理的な周波数であり，ピッチは人間が感じる音の高さの心理量として定義されています。音の強さが音圧レベルという物理量で，大きさがラウドネスという心理量であるのと同じような関係ですね。

ところで，声門で発生した喉頭原音は，そのままの状態で声になって発声されるわけではありません。もう一度，図 3.4 を見てください。肺からの呼気の通路を気道と呼び，気道のうち喉頭よりも上側の，咽頭，口腔，鼻腔を合わせて声道と呼びます。この声道が**共鳴胴**の働きをします。喉頭原音に含まれる多数の高調波のうち，声道の**共鳴周波数**に近い成分は共鳴して強められます。この共鳴によって強められた部分を**フォルマント**，その周波数を**フォルマント周波数**といいます。

このフォルマント周波数は，通常の場合，複数存在しますので，低い周波数から順に第 1 フォルマント，第 2 フォルマント … と呼ばれ，記号としては，F1, F2 … が使われます（さらに，基本周波数を F0 と表す場合もあります）。

F1, F2 の値は，声道のサイズや形状によって変化し，フォルマント周波数の違いが母音の違いを生みます。つまり，私たちは，口の開き方，舌や顎の位置を変化させることによって声道の形や大きさを変形させ，それによって F1, F2 の値を変化させて言葉を出し分けていると考えてよいでしょう。特に母音の違いは，F1〔Hz〕と F2〔Hz〕の値の組合せで決まるといわれていて，そのパターンを示した図は「F1-F2 図」と呼ばれています。**図 3.7** に F1-F2 図を示します。

F1-F2 図では，横軸が第 1 フォルマント（F1），縦軸が第 2 フォルマント（F2）になっています。図中，グレーの破線で囲まれている範囲が，それぞれの

64　　3. 聴覚心理学と音声学を学ぶ前に知っておくべきこと

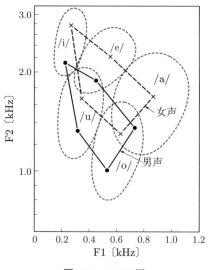

図 3.7　F1-F2 図

母音のフォルマント周波数のエリアです。これを見ると，例えば，母音の /i/ と /u/ では，第 1 フォルマントはほとんど同じ周波数で，第 2 フォルマントは，/i/ のほうが /u/ よりもかなり高い周波数になっています。私たちが母音の /i/ と /u/ を聞き分けるためには，第 2 フォルマントの周波数の値が大きな手掛かりになっているということです。

3.5.2　フォルマントと 1/4 波長音響管

フォルマント周波数について，もう少し詳しく知るために，図 1.17 と図 3.4 を見比べてみましょう。すごく単純化して考えると，人間の唇は声を出すために開いていて，喉頭の側は閉じていると見なせます。これは，図 1.17 の自由端−固定端の管とほぼ同じということです。つまり，フォルマント周波数は，自由端−固定端の管の共鳴周波数と考えることができるということです。

自由端−固定端の管では，管の長さが，管に入ってきた音の**波長** 1/4 の場合と，その奇数倍の波長の音で共鳴が起きることが知られています。この原理を知っていると，人間の声道の長さなどからフォルマント周波数を予測できる

3.5 基本周波数とフォルマント

わけです。

具体的には

管の長さが，管に入ってきた音の 1/4 波長 → 共鳴が起きる

2/4 波長 → 共鳴は起きない

3/4 波長 → 共鳴が起きる

4/4 波長 → 共鳴は起きない

⋮

ということです。

例えば，管の長さが 17 cm だったとしましょう。この場合の共鳴周波数を 1/4 波長の場合について考えてみます。

音速：340 m/s

波長：$4 \times 17\,\mathrm{cm} = 68\,\mathrm{cm}$

周期：λ

周波数：f 〔Hz〕

ここで，速さ×時間＝長さ（距離）なので，**音速**を m から cm に置き換えて

$34{,}000 \times \lambda = 68$

$\lambda = 68 \div 34{,}000$

$f = 1 \div \lambda = 34{,}000 \div 68$

$= 500\,\mathrm{Hz}$ \hfill (3.3)

となり，17 cm の管の一番低い共鳴周波数は 500 Hz ということになります。

このような 1/4 波長音響管内の音の反射と定在波（共鳴）の様子については，本書のウェブサイトでアニメーションで見ることができますので，ぜひご覧ください[†]。

[†] アニメーションの上段で，赤の入力波，青の自由端反射の波は，黄色の固定端反射，緑の自由端反射の波とそれぞれ完全に重なり合ってしまって見えていません（進む向きは正反対ですが）。下段には，共鳴が起きて振幅が最大になった定在波が描かれています。

同様に，2/4（1/2），1/3，3/4 波長のときに，それぞれの波と定在波がどのように動いているかも，アニメーションで見られます。2/4 波長と 1/3 波長のときに比べて，1/4 波長と 3/4 波長のときに定在波の振幅が最大になり，共鳴が起きている様子がわかります。

3.6　発声のメカニズムは管楽器と同じ？

3.4 節，3.5 節でお話した有声音のメカニズムは，図 3.8 のように，一見すると管楽器のようであり，実際に管楽器に例えて解説されている場合も多いようです。それはけっして間違いとはいえませんし，一般の人にとっては，そんな理解でよいのかもしれません。しかし，音響学をこれから学ぼうという人は，その程度の理解では困ります。音響工学的に厳密に考えると，管楽器の音と有声音とでは，実際には大きな違いがあるのです。その違いについてもお話しておきたいと思います。

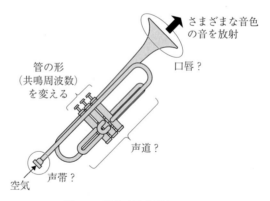

図 3.8　発声は管楽器と同じ？

管楽器は，リードや口唇の振動による音を管内で共鳴させているわけです。つまり，管の部分が声道になります。音声の基本周波数を決めるのは，声道の共鳴ではありません。これに対し，多くの管楽器では，音高（音の高さ），つまり基本周波数を決めているのは，管それぞれの共鳴周波数です。トロンボーンを思

い浮かべてください．管の長さを変えて音高を変化させていますね．人間は，ろくろ首でもない限り，声道の長さを大きく変えたりすることはできません．

このような観点から見ると，有声音のメカニズムは，むしろ弦楽器に近いといえます．弦楽器の基本周波数は，弦の**固有振動数**で決まります．固有振動数とは，その物体が最も振動しやすい振動数のことです．例えばギターの弦では，弦の太さや弦を押さえる位置で固有振動数が変わり，その固有振動数で基本周波数が決まるわけです．

さらに，弦の振動には，基本波以外にも多くの高調波が含まれています．この高調波のうち，ギターの胴における共鳴の固有振動数に近い周波数成分が強められて，そのギター特有の音色になるのです．弦の振動を喉頭原音，ギターの胴を声道に見立てれば，管楽器よりもギターのような弦楽器のほうが，音響工学的には有声音の構造によく似ているといえるでしょう．

しかし，では世界的に有名なギタリストがテクニックを駆使して演奏すれば，人間の声と同じように，ギターから言葉を発したり，会話をしたり，歌声を発したりできるでしょうか？

残念ながら，それは不可能です．奇跡的なテクニシャンの演奏者がいたとしても，それは不可能なのです．なぜなら，構造的に，ギターだけでは表現し切れない周波数成分が音声には多く含まれているからです．その最たるものは，フォルマント周波数でしょう．例えば，図3.7にあるようなフォルマント周波数の組合せをギターで表現することができるでしょうか？

もし，有声音のメカニズムと同じ楽器を新たに作るとしたら・・・？ 例えば，**図3.9**のような楽器ではどうでしょうか？ ギターで喉頭原音を作り，それを管楽器に通して，管楽器の共鳴周波数を変えることによって，フォルマント周波数を表現できるかもしれません．もしくは，胴の部分の形を人間の声道のように自由自在に変形することができるギターがあれば，音声を発することも可能かもしれませんね．

でも，これって，どうやって演奏すればよいのでしょう!?

図 3.9 発声を楽器に例えると？
ギターの弦で喉頭原音を作り，管楽器の共鳴でフォルマント周波数を作れば，人間の声や言葉を「演奏」することも可能になる？

引用・参考文献

1) 鈴木誠史, "声のふしぎ百科," 丸善, 2005

Chapter 4
デジタルサウンドを理解しよう

　私たちが耳にする音は，空中を伝わる気圧の連続的な変化という物理現象です。しかし，近年，音響の専門家がこの物理現象を直接扱うことはむしろ少なく，実際に扱っているのは，デジタル化されたデータであることがとても多くなっています。皆さんがダウンロードしたり，スマホや携帯オーディオプレーヤーに入れて持ち歩いたりしている楽曲も，すべてデジタル化されたデータです。

　デジタル家電のさきがけとして民生用オーディオ CD プレーヤーが登場したのは 1982 年です[1]。その後，デジタル技術は目覚ましい発展を遂げ，インターネット，デジカメ，スマホやタブレット，テレビの地上デジタル放送など，私たちの日常生活はデジタル技術であふれています。これは確かです。しかし，デジタル技術のなにがそんなにすばらしいのか，皆さんは考えたことがありますか？

　多くの人が四六時中インターネットにつながって生きている現代においては，デジタル技術についての基礎知識は，もはや知識人の一般常識といっても過言ではないでしょう。特に音を専門的に扱う分野において，デジタル信号処理の基礎知識は必須です。

　本書の後半を読み進める前に，「デジタル」についても少し覗いておきましょう。音をデジタル化するとは実際にはどういうことなのでしょうか？そして，デジタル化することのメリットはなんなのでしょうか？

4.1 そもそもデジタルって？

4.1.1 ビットとバイト

デジタル化されたデータというのは，すべての情報を 0 と 1 の数値で表したものです。コンピュータの内部で扱われる信号は，**図 4.1** に示すような，0 と 1 の数字が並んだものです。これは**二進法**で表された数字，つまり**二進数**なのです。

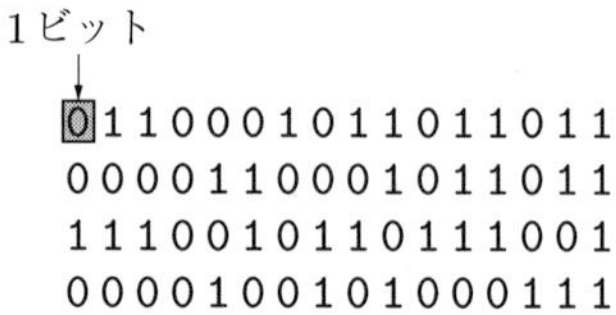

```
        1ビット
          ↓
         ⓪1100010110110 11
         0000110001011011
         1110010110111001
         0000100101000111
```

図 4.1 デジタル信号と 1 ビット
デジタル化されたデータは，0 と 1 の 2 値からなる。
この二進数の数値 1 桁の情報量を 1 ビットという。

図 4.1 に示すとおり，二進数のデータ列において，1 桁分の情報量を 1 ビットと呼びます。2 桁分なら 2 ビット，3 桁分なら 3 ビットの情報量になります。0 か 1 かの判定を 1 回行えば，1 ビットの情報が得られたことになります。1 ビットというのは，コンピュータで扱われるデータの最小単位であり，もともとビット（bit）は，"binary digit"（二進数）を短縮したものです。

情報量を表す単位としては，ビットのほかにバイトがあります。初期のコンピュータでは，6 ビットを 1 バイトとするものも多く，ほかにも 7 ビットや 9 ビットを 1 バイトとするケースもありました。しかし，現在では 8 ビットを 1 バイトとするのが一般的です。本書でも，8 ビットを 1 バイトとします。**図 4.2** に示すように，二進数の 8 桁分の情報量が 1 バイトです。また，バイトは一般に大文字の B で表されるので，8 ビット ＝ 1B となります。

二進数の 8 桁というのは，00000000 から 11111111 までです。これを**十進法**で表すと，図 4.3 に示すように，0 から 255 までになります。1 バイトで

8 ビット＝1 バイト

[01100010]11011011
0000110001011011
1110010110111001
0000100101000111

図 4.2 デジタル信号と 1 バイト
一般に二進数の数値 8 桁の情報量を 1 バイトという。つまり 1 バイトとは，8 ビットのことである。

```
二進数       十進数
     0          0
     1          1
    10          2
     ⋮          ⋮
11111110       254
11111111       255
```

図 4.3 二進法と十進法
二進数の 8 桁，つまり 1 バイトで表せる数値は，二進法なら 0 から 11111111 まで，十進法なら 0 から 255 まで。

256 通りの値を表せるわけです。

ビットやバイトは情報量を表しますが，**データ転送レート**，すなわち単位時間にどれだけの情報量をやりとりできるかを表す場合には，単位時間を 1 秒としてビット毎秒を用います。ビット毎秒は，bps (bit per second) あるいは，b/s などと表記されます。ビット毎秒の意味で**ビットレート**という言葉が使われる場合もあります。

4.1.2 SI 接頭辞と二進接頭辞

デジカメで撮影した写真も音楽配信でダウンロードした音楽も，ワープロソフトで作成した書類も，すべてデジタルファイルとして保存されています。皆さんが扱うファイルのデータサイズは，少なくとも数百バイト，大きければ数千万バイト以上になるでしょう。このような桁の大きなデータサイズを表すため，キロバイト（KB）やメガバイト（MB）といった表現が使われます。重さの単位である g（グラム）では，1,000 g を 1 kg（キログラム）と表します。電

力量を表す W（ワット）も，1,000,000 W を 1 MW（メガワット）と表します。

このキロやメガという言葉は，**接頭辞**と呼ばれます．情報量を表す場合にもキロ，メガ，ギガ，テラといった接頭辞が頻繁に使われます．ただし，注意すべきことがあります．

kg（キログラム），km（キロメートル），MW（メガワット），GHz（ギガヘルツ）といった場合のキロ，メガ，ギガというのは，**SI 接頭辞**と呼ばれ[†]，SI 接頭辞において，キロは 10^3，メガは 10^6，ギガは 10^9 を表します．つまり，1 MW = 1,000 kW = 1,000,000 W であり，1 GHz = 1,000 MHz です．これに対して，コンピュータの世界では，一般に，1 KB は，1,000 B ではなく，2^{10} B，すなわち，1,024 B を表しています．同様に，1 MB は 1,024 KB，1 GB は 1,024 MB です．この場合のキロの K には，習慣的に大文字が使われています．このような用法は，SI 接頭辞としては誤りですが，コンピュータの世界では，すべて二進数で扱われるので，キロ，メガ，ギガをそれぞれ 2^{10}，2^{20}，2^{30} とする現在

　　　コーヒーブレイク

二進法，十進法，十六進法

皆さんが普段使っている数字の表し方は，算用数字の 0 から 9 を使って，1, 2, 3, … と数えていき，9 のつぎに 1 桁増やして 10 と表記する方法ですね．これは十進法と呼ばれます．

これに対し，算用数字の 0 と 1 だけを使い，1 のつぎに一桁増やして 10 と表記する方法が二進法です．十進法の 0, 1, 2, 3, 4 を二進法で表すと 0, 1, 10, 11, 100 となります．二進法の 10 は「ジュウ」と読まず，「イチゼロ」または「イチレイ」と読みます．

また，算用数字の 0 から 9 に続けてアルファベットの A, B, C, D, E, F と数えて，F のつぎに 1 桁増やして 10 と表記する方法が**十六進法**です．

なお，十進法を「10 進法」と書くのは好ましくありません．なぜなら，"10" は十進法表記なら確かに 10 ですが，二進法なら（十進法における）2 を意味し，十六進法なら（十進法における）16 を意味する，というように，どの表記法と見るかで "10" という数字の表す値そのものが変わってしまうからです．

[†] SI 接頭辞は，国際度量衡総会において採択されている国際単位系の接頭辞です．

のような使い方が普及しているのです。

SI 接頭辞の $1\,\mathrm{k} = 10^3 = 1{,}000$ とコンピュータの分野で使われる $1\,\mathrm{K}=2^{10} = 1{,}024$ では，$2.4\,\%$ の差ですが，SI 接頭辞の $1\,\mathrm{G} = 10^9 = 1{,}000{,}000{,}000$ とコンピュータ分野の $1\,\mathrm{G} = 2^{30} = 1{,}073{,}741{,}824$ とでは，差が $7\,\%$ を超えます。このように，接頭辞の用法による誤差は，数値が大きくなるほど顕著になってしまうのです。

接頭辞の用法に関する上記のような混乱を避けるため，SI 接頭辞と区別する**二進接頭辞**の使用が推奨されています†。代表的な接頭辞を**表 4.1** に示します。二進接頭辞では，2^{10} をキビ（Ki），2^{20} をメビ（Mi）などとします。

表 4.1 代表的な接頭辞

SI 接頭辞				二進接頭辞			
接頭辞	記号	値	十進表記	接頭辞	記号	値	十進表記
キロ	k	10^3	1,000	キビ	Ki	2^{10}	1,024
メガ	M	10^6	1,000,000	メビ	Mi	2^{20}	1,048,576
ギガ	G	10^9	1,000,000,000	ギビ	Gi	2^{30}	1,073,741,824
テラ	T	10^{12}	1,000,000,000,000	テビ	Ti	2^{40}	1,099,511,627,776
ペタ	P	10^{15}	1,000,000,000,000,000	ペビ	Pi	2^{50}	1,125,899,906,842,624

前述のとおり，数値が大きくなると SI 接頭辞と二進接頭辞の誤差は無視できなくなります。また，DVD のパッケージに記載されている 4.7 GB のギガは，2^{30} ではなく，10^9 なのです。ハードディスクの容量なども SI 接頭辞で表されているため，PC の OS 上に現れる容量と食い違ってしまいます。さらに問題をややこしくするようですが，通信の分野では，一般にデータ転送レートを表す場合の 1 kbps は，1,000 bps，1 Mbps は，1,000 kbps と，正しい SI 接頭辞の用法が適用されるのです。

このように同じキロビットでも，コンピュータの分野のキロビットと通信分野のキロビットでは，値が異なる場合があるのです。正確を期すために，誤った SI 接頭辞の用法を避け，二進接頭辞の使用を推奨します。

---

† 二進接頭辞は，1998 年に国際電気標準会議（IEC）で承認されたものです。

4.1.3 連続量と離散量

4.1.5項や次節でデジタル画像データやデジタルオーディオデータの正体について述べる際,「離散」という言葉を多用します。そこで,まずこの「離散」の意味を理解してください。

「デジタル」という言葉は,しばしば**アナログ**という言葉と対比されます。「アナログ」対「デジタル」というのは,ものすごく単純化するなら,「連続量」対「離散量」だといえます。切れ目なく連続的に変化していく量が連続量なのに対し,ばらばらに切り離された値が離散量です。この離散量を並べたデータがコンピュータで扱われているのです。

文字盤と長針,短針を持つアナログ時計を思い浮かべてください。図 4.4 (a) に描かれたようなアナログ時計の針は,時間とともに時計回りに回転しています。任意のある瞬間に針が指している時刻は,5 時 24 分と 5 時 25 分の中間あたりかもしれません。24 分を過ぎたばかりだったり,25 分の直前だったりすることもあるでしょう。時間は連続量であり,アナログ時計が指す時間も連続量だといえます。

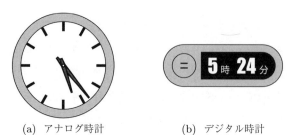

(a) アナログ時計 　　　 (b) デジタル時計

図 4.4 アナログ時計とデジタル時計
アナログ時計 (a) では,針の連続的な動きによって連続的な時間が表される。デジタル時計 (b) では,連続的な時間を分や秒といった一定の間隔で切り出した離散的な値が表示されている。

図 4.4 (b) のようにディスプレイに数字が表示されるだけで針を持たないデジタル時計はどうでしょうか。いま

5 時 24 分

と表示されているとします。24分になったばかりなのかもしれませんし，25分になる直前なのかもしれませんね。表示されている数値から，そこまではわかりません。1分以内に，いきなり

    5時25分

に切り替わるはずです。この切り替わる瞬間を見逃したら正確な時間はわかりません。連続的な時間が，1分という単位で切り離された離散量になっているわけです。秒単位まで表示されるタイプのデジタル時計でも，表示されるのは1秒という単位で切り離された離散量です。

  地球上では，季節や天気によって気温が変化しますね。ある場所の気温の変化は連続的です。しかし，その場所の月ごとの平均気温はどうでしょうか。横軸を月（1〜12月），縦軸を温度として各月の平均気温をグラフ化した場合，そこに表されているのは，1か月単位で切り離された離散量です。日ごとの最高気温や最低気温なども，1日単位で切り離された離散量です。

  このように連続的に変化している量から，単位時間ごとの代表値だけを取り出してデータ化することを「離散化する」といいます。

  気温以外にも，明るさ，風速，湿度，磁力，圧力など，自然界のさまざまな現象は連続的に変化する連続量です。しかし，すべてを二進数のデータとして扱うコンピュータでは，連続量をそのままでは扱えないので，離散化が必要になるのです。

  デジタルの正体が二進数だということや，コンピュータが扱っているのは離散化された数値であるということはわかっても，さまざまな情報がどのようにして二進数で表されるのかはわかりませんね。そこで，オーディオデータに進む前に，代表的なデジタルデータであり，皆さんがスマホなどでいつも使っているメール（文書）や写真（画像）と関係が深いテキストファイルと**ビットマップ**ファイルの構造から見ていきましょう。

4.1.4 テキストデータの仕組み

進化した近年のワープロソフトは，機能が豊富でおせっかいなくらい親切です。また，ソフトごとにファイルの構造も異なります。しかし，ここでは，そのような進化したファイルではなく，最も基本的なファイル形式であるテキストファイルの構造について述べます。まずは，半角英数記号だけからなる文書ファイルです。日本語を扱う場合，全角文字があるので，それと区別するために半角というのであり，英語の文書では，わざわざ半角という必要はありません。しかし，ここでは，区別をはっきりさせるため，半角英数記号とします。

ご承知のとおり，英語のアルファベットは 26 文字です。大文字と小文字があるので 52 種類の文字になります。これに 0～9 の数字とピリオド，コンマ，ハイフンといった基本的な記号を合わせても，100 足らずですみます。漢字，平仮名，片仮名のある日本語に比べると圧倒的に少ない文字で文書が作成できるのです。

文書をコンピュータで扱えるように，これらの半角英数記号の一つひとつに数値を当てはめた文字コード表というものが作られました。代表的なのが，**表 4.2** に示す **ASCII** コード（アスキーコード）と呼ばれるものです。ASCII は，American Standard Code for Information Interchange の頭文字を取った略語です。

表 4.2 に示す ASCII コード表の 0～31 までと 127 は，制御文字と呼ばれるもので，モニターやプリンターといった外部機器を制御するためのものです。例えば，コード表の 10 の LF というのは line feed，つまり改行であり，プリンター用紙を 1 行分送るときに用いられます。コード表の 32 の SP は，スペース（空欄）で，33～126 は，文字，数字，記号に割り当てられています。例えば，大文字の A は 65，小文字の a は，97，数字の 0 は 48 です。

このコード表に従って文字や記号を数値に置き換えれば，文書を数値データに変換できるわけです。ちょっと変な文ですが，"I am music." なら，大文字の I は 73，ピリオドは 46 ですから

$$73\ 32\ 97\ 109\ 32\ 109\ 117\ 115\ 105\ 99\ 46$$

4.1 そもそもデジタルって？

表 4.2 ASCII コード表

文字	コード(十進)	文字	コード(十進)	文字	コード(十進)	文字	コード(十進)
NUL	0	SP	32	@	64	`	96
SOH	1	!	33	A	65	a	97
STX	2	"	34	B	66	b	98
ETX	3	#	35	C	67	c	99
EOT	4	$	36	D	68	d	100
ENQ	5	%	37	E	69	e	101
ACK	6	&	38	F	70	f	102
BEL	7	'	39	G	71	g	103
BS	8	(	40	H	72	h	104
HT	9	)	41	I	73	i	105
LF	10	*	42	J	74	j	106
VT	11	+	43	K	75	k	107
FF	12	,	44	L	76	l	108
CR	13	-	45	M	77	m	109
SO	14	.	46	N	78	n	110
SI	15	/	47	O	79	o	111
DLE	16	0	48	P	80	p	112
DC1	17	1	49	Q	81	q	113
DC2	18	2	50	R	82	r	114
DC3	19	3	51	S	83	s	115
DC4	20	4	52	T	84	t	116
NAK	21	5	53	U	85	u	117
SYN	22	6	54	V	86	v	118
ETB	23	7	55	W	87	w	119
CAN	24	8	56	X	88	x	120
EM	25	9	57	Y	89	y	121
SUB	26	:	58	Z	90	z	122
ESC	27	;	59	[	91	{	123
FS	28	<	60	\	92	|	124
GS	29	=	61	]	93	}	125
RS	30	>	62	^	94	~	126
US	31	?	63	_	95	DEL	127

となります。

表 4.2 に示されたコードは，0〜127 までで 128 個ですから，7 ビットです ($2^7 = 128$)。つまり，英数記号を 1 文字当り 7 ビットの情報量で表せるわけです。しかし，すでに述べたように，一般に 1 バイトは 8 ビットとされているので，テキストファイルでは，1 文字当り 8 ビットとして保存されます。

4. デジタルサウンドを理解しよう

"I am music." をデジタルデータにするために 1 文字当り 8 桁の二進数で表せば

01001001 00100000 01100001 … 01100011 0101110

となります。これがテキストファイルの中身なのです。繰り返しになりますが，8 ビットは 1 バイトです。ということは，上記のようなテキストファイルのデータサイズは，文字数から単純に求められます。11 文字の文書なら 11 バイトです。むろんこれはテキストデータ自体のサイズであり，ファイルには，そのファイルがテキストファイルであることなどを示すためのヘッダが付くので，実際のファイルサイズは 11 バイトより大きくなります。

上記のように，テキストファイルを二進数で表記すると，1 文字当り 8 桁必要になり，面倒です。そこで通常，これを**十六進数**にして表記します。"I am music." を十六進数で表すと

49 20 61 6D 20 6D 75 73 69 63 2E

です。途中にアルファベットの D や E が出てきました。十六進数の表記において，A は 10，B は 11，C は 12，D は 13，E は 14，F は 15 を表します。E は 14 ですから，2E というのは，$2 \times 16 + 14$，つまり 46 です。ASCII コード表の 46 はピリオドです。8 ビットで表せる 0 ～ 255（十進）を十六進数で表すと，00 ～ FF ということになります[†]。

日本規格協会では，ASCII コードをもとに，半角カナを加えたコードを制定しましたが，8 ビットでは，256 種類の文字や記号しか扱えませんので，膨大な数の漢字を持つ日本語では，簡単な手紙ひとつ書けません。そこで，日本語の漢字を表すため，16 ビットの文字コードが生まれました。$2^{16} = 65,536$ ですから，16 ビットなら，単純には 65,536 種類もの文字や記号が使用できるのです。

[†] C 言語や Java といったプログラミング言語では，十六進数だということを明確に表すため，数字の前に 0x を付けて，0x00 とか 0xFF と表記します。

肝心なのは，あらゆる文字や記号に 8 ビットまたは 16 ビットの数値を対応させておくことです．そうすることにより，離散的な数値しか扱えないコンピュータで文章を操ることが可能になります．

1 文字当り 8 ビットで表される文字（半角英数記号や半角カナ文字）を半角文字というのに対し，16 ビットで表される文字を全角文字といいます．全角文字が生まれたおかげで，数千もの漢字を使い分ける日本語も，テキストデータとしてコンピュータ上で扱えるようになったのです．全角文字だけからなるテキストなら，1 文字当り 2 バイトなので，テキストデータのサイズは，文字数 × 2 バイトになります．

4.1.5 ビットマップデータの仕組み

つぎに画像ファイルの構造について見てみましょう．画像ファイルといっても，数え切れないくらいのファイルフォーマット（デジタルデータの形式）があります．ここでは，最も基本的なものの一つであるビットマップファイルを取り上げます．

テキストデータは，1 文字 1 文字がバラバラに並んだもの，つまり離散的な情報ですが，画像は連続的なデータ，つまりアナログです．画像をデジタルの画像ファイルにするためには，まず画像を離散的な区画に分けなくてはなりません．

図 4.5 (a) の画像をビットマップにする場合，これを細かい正方形の区画に

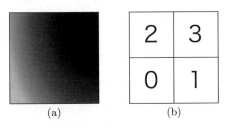

図 4.5　画面の分割
　　もとの画像 (a) と 2（縦）× 2（横）の
　　4 区画に分割された画面 (b)．

分割します。例えば，図 (b) に示すように 4 区画に分けましょう。この区画のことを**画素**あるいはピクセルと呼びます。画素数が大きくなるほど，**解像度**が向上します。絵の細かい部分まで再現できるようになるわけです。

一つの画素には，一つの色しかありません。このため，図 4.5 (a) の画像を画素数 4 のデジタルデータにすると，**図 4.6** (a) のようになります。解像度が低いため，もとの画像の情報がほとんど失われています。

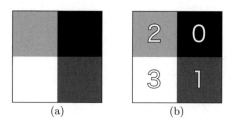

図 **4.6** 画 素
それぞれの区画が一つの色で塗りつぶされた画像 (a) と色番号で表された各区画 (b)。それぞれが一つの色で塗りつぶされた各区画は，画素（ピクセル）と呼ばれる。

さて，連続的な画像を画素という単位に離散化するだけでは，デジタル化したことになりません。数値化するという作業が必要です。図 4.6 (a) の場合，四つの色に数値を対応させておきます。例えば，黒は 0，ダークグレーは 1，ライトグレーは 2，白は 3 とします。文書ファイルにおいて，文字や記号に個々の数値を対応させたのと同じです。画素ごとに，その色に対応した数字を描いたのが図 4.6 (b) です。この数字を図 4.5 (b) に示した区画の番号順に並べると

$$3\ 1\ 2\ 0$$

となります。このようにして，画像を離散的な数値のデータに置き換えることができるのです。複数の画素で同じ色が使用されていれば，同じ数字が何度も使われることになり，使用されていない色があれば，その数値は使われません。

図 4.7 (a) は画素数を 16 に増やした例です。色は 4 色のままです。図 (a) の番号は区画番号，図 (b) の番号は色番号を表しています。同じ色番号が複数

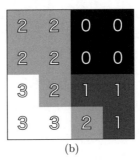

図 4.7 4 ビット解像度，2 ビット階調のデジタル画像
4×4 に分割された区画の番号 (a) と各区画が 0～3 のいずれかの
色で塗られた画像 (b)。黒数字は区画番号，白抜き数字は色番号。

の区画に割り当てられているのがわかります。この色番号を区画番号順に並べると

3 3 2 1 3 2 1 1 2 2 0 0 2 2 0 0

になります。区画（画素）数が増えた分，データが多くなったことがわかります。解像度を向上させると，データサイズが増えるのです。

　連続的な画像を離散的な画素に分けて，画素ごとの色を色番号で表すことにより，画像を数値データに置き換えることができました。しかし，上記のような数字だけでは画像を再現できません。0 は黒，1 はダークグレーといった対応がわかるようにしなくてはならないのです。ビットマップにおいて，色と数字の対応を指定するのがパレット情報と呼ばれるものです。パレットでは，色を定義して数字を対応させます。色の定義は，3 原色である赤 (R)，緑 (G)，青 (B) をそれぞれどれだけ含むかで表します。例えば，黒は十六進表記で，00 00 00，紫なら，FF 00 FF などと表せます。図 4.6 の例なら，パレット情報として

定義（RGB）	色	数値
000000	黒	0
555555	ダークグレー	1
AAAAAA	ライトグレー	2
FFFFFF	白	3

があれば，すべての画素を 0 ～ 3 のどれかの数値で表すことができます。デジタル画像において，使用できる色の数を**階調**といいます。もとのアナログ画像の色をどれだけ忠実に表すことができるかは，階調で決まり，256 階調よりも 65,536 階調のほうが高画質だといえます。

　図 4.7 (b) の画像は，画素数が 16，色数が 4 と，解像度も階調も非常に低いですが，同じ原画像を画素数 256，8 ビット階調のデジタル画像にしたのが**図 4.8** です。図 4.7 (b) に比べて情報量が増えていることは一目瞭然ですね。最近のデジカメでフルカラーと呼ばれるのは，16,777,216 階調ですが，これは 1 画素当り 24 ビットの情報量ということです。

図 **4.8**　画素数 256 のデジタル画像
解像度が 16 × 16 で 8 ビット階調の画像。

　ビットマップファイルの構造を説明しましょう。まず，そのファイルがビットマップであることや，縦，横の画素数といった基本情報を記録したヘッダがあります。つぎにパレット情報があり，そして画像データです。画像データは，階調×解像度のデータサイズになります。8 ビット階調（256 色）で，解像度が縦 720，横 480 の 345,600 画素なら，345,600 バイトです。これは約 338 KiB です。

　このような静止画をぱらぱら漫画のように 1 秒に何枚も並べれば，動画ファイルもできます。DVD に記録されている映画などは，通常，720 × 480 の解像度で，1 秒に 30 フレームなので，たった 1 秒でも映像のデータサイズは，約 9.9 MiB です。ビットに換算すると，82,944,000 ビットですから，これを非圧縮で再生しようとすると，およそ 83 Mbps のデータ転送レートが必要です。たった 1 秒でも約 9.9 MiB ですから，2 時間の映画なら，データサイズ

はおよそ 70 GiB です。DVD の容量である 4.38 GiB にはとても収まらないので，データ圧縮されているのです。なお，DVD のパッケージに記載されている 4.7 GB のギガは，SI 接頭辞なので，二進接頭辞で表すと，約 4.38 GiB です。

4.2 オーディオデータの仕組み

デジタルデータの中身がわかってきたところで，いよいよデジタルオーディオ信号の登場です。オーディオデータのフォーマットにも数え切れないくらいの種類があります。最も基本的なファイルフォーマットの一つが **WAV** フォーマットです。

WAV ファイルの構造は非常にシンプルです。テキストファイルやビットマップファイルと同じく，まずヘッダがあります。ヘッダには，ファイルが WAV ファイルであることと，オーディオデータの基本的な情報が記録されます。ヘッダのあとに，オーディオデータが時系列順に並んでいます。これだけです。

このオーディオデータは，**リニア PCM** と呼ばれるデータです。PCM は，Pulse Code Modulation の頭文字です。ここでは，このリニア PCM データについて述べます。

デジタルオーディオといっても，音響的な信号を直接数値化しているわけではなく，**音圧**の時間変化を一度電圧変化に変換しています。この音響-電気変換を行うのがマイクロフォンです。ですから，電圧変化をどのようにしてデジタル化するのかを見ていくことになります。

ここで登場するのが，デジタルオーディオの基本中の基本である**サンプリング**と**量子化**です。オーディオ信号のサンプリングと量子化は，ビットマップにおける解像度と階調に似ていますので，それぞれについて，画像の場合と対比しながら見ていきましょう。

4.2.1 サンプリング（標本化）

連続的な画像を画素と呼ばれる離散的な区画に分けたのと同じように，まず，

連続的な電圧変化を離散化します。具体的には，連続的に変化する電圧値の瞬時的な値を，一定の時間間隔で計測していくわけです。この作業をサンプリングまたは標本化といいます。英語では sampling です。得られた値は，サンプルと呼ばれます。

一定の時間間隔でサンプルが得られるわけですが，この時間間隔を**サンプリング周期**といいます。また，1 秒間に何個のサンプルが得られるかを**サンプリング周波数**または**サンプリングレート**といいます。1 秒に 1,000 個のサンプルなら，サンプリング周波数が 1,000 Hz である，といいます。

図 **4.9** に示すアナログ信号をサンプリング周波数 200 Hz でデジタル化する場合について見てみましょう。図の横軸は時間，縦軸は電圧値を示しています。電圧変化は連続的なので，**波形**は滑らかにつながっています。

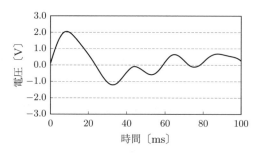

図 **4.9**　アナログ信号波形

サンプリング周波数が 200 Hz なので，5 ms に 1 回サンプリングが行われます。得られたサンプルが図 **4.10** (a) に ○ で表されています。横軸はサンプル番号です。100 ms の間に 20 個のサンプルが得られたことがわかります。連続的だった波形が時間軸上で分断された，すなわち離散化されたわけです。

デジタルオーディオを再生するときには，この離散化されたサンプル値を再び滑らかにつなげることでアナログ信号が出力されます。図 4.10 (a) の ○ で示されているサンプルを滑らかにつないだのが，図 (b) の破線です。もとの信号（図 4.9）がほぼ忠実に再現されています。

4.2 オーディオデータの仕組み　　85

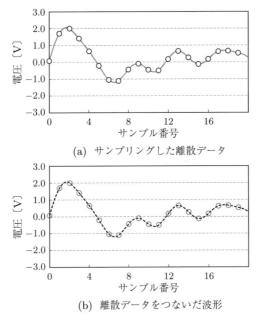

図 4.10　サンプリング周波数 200 Hz での標本化
○ は，アナログ信号をサンプリング周期 5 ms で
サンプリングした離散データ。図 (b) の破線は，
この離散データを滑らかにつないだ波形。

4.2.2　サンプリング周波数と周波数帯域

　図 4.10 ではサンプリング周波数を 200 Hz としていました。サンプリング周波数を 50 Hz に下げると，得られるサンプルは，**図 4.11** (a) に示す ○ になります。サンプリング周波数が 50 Hz なので，20 ms に一つしかサンプルが得られません。得られたサンプルを滑らかにつないだ波形が，図 (b) の破線です。もとの信号とは全然違う波形になってしまいました。サンプリングの間隔，つまりサンプリング周期が長すぎたために，もとの波形を忠実に再現できなくなってしまったのです。これは，ビットマップファイルの解像度が不十分なときに原画像のディテールが再現できないことと似ています。
　ビットマップでより細密な絵を再現するには，画像をより細かい画素に分割

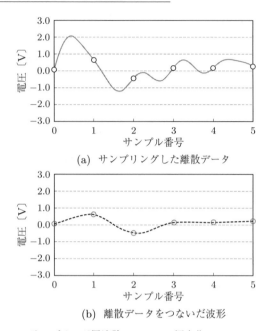

図 4.11 サンプリング周波数 50 Hz での標本化
○ は，アナログ信号をサンプリング周期 20 ms でサンプリングした離散データ。図 (b) の破線は，この離散データを滑らかにつないだ波形。もとの信号を再現できないことがわかる。

する必要があります。オーディオにおいても，波形の急速な変化を再現するには，時間軸上で十分に細かくサンプリングすること，つまりサンプリング周波数を高くしておくことが求められるのです。

原理的に，再生したい信号の**周波数帯域**の 2 倍以上のサンプリング周波数が必要になります。一般に人間の可聴周波数上限は，20,000 Hz 付近といわれています。したがって，人間が聞くことのできる音を完全に記録・再生するためには，サンプリング周波数を少なくとも 40,000 Hz くらいにしておく必要があるわけです。

CD-DA（コンパクトディスクデジタルオーディオ。オーディオ CD の正式な名称）もリニア PCM 方式であり，このサンプリング周波数は 44,100 Hz です。CD-DA の記録層には，1 秒に 44,100 個のサンプルが記録されているわけです[2]。

画像の場合，画素数を大きくするほど解像度が高くなります。オーディオ信

号の場合，他の条件が同じなら，サンプリング周波数が高いほど，もとの電気信号を忠実に記録できることになるのです．

4.2.3 量　子　化

画像を画素に分解するだけではデジタル化したことにならなかったのと同じように，オーディオ信号もサンプリングしただけではデジタルデータになりません．画像の場合は，画素ごとの色を数値化する必要がありました．オーディオ信号の場合，サンプルごとの電圧値を有限個の整数値に当てはめなくてはなりません．この作業が量子化で，英語では quantization です．

かりに，電圧の最大値，最小値がそれぞれ 2.828 V，−2.828 V だとすると，サンプルごとの電圧値は，最大値と最小値の間のあらゆる値をとる可能性があります．つまり，無限の可能性があるわけです．しかし，デジタル信号において無限というのは許されません．画素に与えることのできる数値が階調によって決められていたように，リニア PCM のサンプルに与えられる数値も有限個です．そして，それを決めるのが**量子化ビット数**なのです．

量子化ビット数が 8 のリニア PCM の場合，最大電圧から最小電圧までを 8 ビット，すなわち 256 段階に分割するわけです．ビットマップの場合，使用できる色の数が多いほど，もとの画像を忠実に記録できます．8 ビット階調のビットマップなら使える色は 256 色です．オーディオの場合，他の条件が同じなら，量子化ビット数が大きいほど原音を忠実に記録できます．

先ほどから，リニア PCM という言葉を繰り返し使っていますが，「リニア」とは，どういう意味でしょうか．これは linear，つまり線形ということです．電圧値の最大から最小までの範囲を線形尺度†上で等間隔に分割するというのが，リニア PCM の方式なのです．上述の例なら，2.828 ～ −2.828 V の範囲を等間隔に 256 段階に分割するということです．

CD-DA の場合，量子化ビット数は 16 です．つまり，電圧値を線形尺度上で

---

† リニアスケールと呼ばれる場合もあります．尺度（スケール）については，5.4 節でも説明しています．

65,536 等分しているわけです．具体的には，電圧値を $-32{,}768 \sim 32{,}767$ の整数値に当てはめているのです．

WAV ファイルのヘッダには，オーディオデータが 1 チャンネル（モノフォニック）なのか，2 チャンネル（ステレオフォニック）なのか，量子化ビット数がいくつか，サンプリング周波数がいくつか，オーディオデータの長さがどれだけなのか，といった情報が記録されます．

このヘッダに続いて，サンプルごとの量子化された値が，時系列に並んでいます．チャンネル数が 2 のステレオフォニックの場合は，左 → 右 → 左 → 右というように，1 サンプルずつ交互に並びます．

4.2.4　デジタルオーディオのデータサイズ

ビットマップファイルにおける画像データのサイズは，階調を画素数倍したものになります．階調が 16 ビット（2 バイト）で，10,000 画素なら，20,000 バイトです．リニア PCM データのサイズはどうでしょうか．

量子化ビット数を 24 とするなら，サンプル当りの情報量は 24 ビット，つまり 3 バイトです．これがサンプルの個数分並んでいるわけですから，3 バイトにサンプル数を乗算すれば，データサイズになります．

CD-DA の例を挙げれば，量子化ビット数は 16 ですから，サンプル当り 2 バイトです．サンプリング周波数は 44,100 Hz で，ステレオフォニック，つまり 2 チャンネルです．収録されているオーディオ信号が 55 分 20 秒（3,320 秒）なら，データサイズは次式のとおり，約 585.6 MB，およそ 558.5 MiB です．

$$2 \times 44{,}100 \times 2 \times 3{,}320 = 585{,}648{,}000 \qquad (4.1)$$

オーディオデータ全体のデータサイズは，量子化ビット数とサンプル数の乗算で得られますが，単位時間当りどれだけの情報量かは，4.1.1 項で述べたように，データ転送レートで表します．CD-DA なら，データ転送レートは次式のとおり，1,411,200 bps になります．

$$16 \times 44{,}100 \times 2 = 1{,}411{,}200 \qquad (4.2)$$

4.2.5 量子化雑音とダイナミックレンジ

サンプリング周波数は，再生できる**周波数**範囲に深く関わるものだということを 4.2.2 項で述べました．オーディオ信号を忠実に再生しようとするとき，再生周波数帯域のほかにもう一つ重要なのが，**ダイナミックレンジ**です．そして，ダイナミックレンジに深く関わるのが量子化ビット数です．

オーディオ機器やオーディオシステムにおいて，再生可能な最大信号レベルから最小信号レベルまでの幅をダイナミックレンジというのですが，デジタルオーディオにおいては，最大信号レベルと**量子化雑音**レベルとの比をダイナミックレンジといいます[2]．では，量子化雑音について見ていきましょう．

図 4.12 が入力されるアナログ信号だとします．この信号をデジタル信号に変換するために，サンプリング周波数 1,000 Hz で離散化し，量子化します．

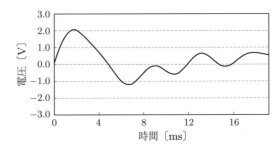

図 4.12 入力信号
アナログ信号波形．横軸は時間，縦軸は電圧値を表している．

まず，量子化ビット数を 4 として量子化した結果を**図 4.13** (a) に示します．縦軸には，左に電圧値，右に量子化値が示されています．4 ビット量子化ということは，最大から最小までの電圧値を $-8 \sim 7$ の整数値に丸めるということです．図中，○ で示される量子化値が，実線で示されるアナログ信号の波形から，サンプルごとに上や下に少しずれているのがわかるでしょうか？

入力される信号の電圧値は連続的に変化するので，整数以外も含む実数になりますが，量子化値は整数しかとることができません．つまり，小数点以下の端数は切り捨てられるか，あるいは四捨五入されて丸められます．このときに

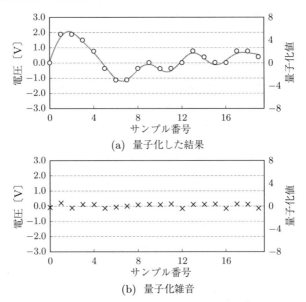

図 4.13 4 ビット量子化
4 ビットで量子化されたサンプル列 (a) と量子化雑音 (b)。
図 (a) の ○ は量子化されたサンプル，図 (b) の × はサンプル値ともとの信号の差分。

信号本来の電圧値と量子化値の差，いわゆる丸め誤差が発生するわけです。この丸め誤差を × でプロットしたのが図 (b) です。

この例では小数点以下を四捨五入しているので，丸め誤差は，量子化値にして $-0.5 \sim 0.5$ の範囲になることは明らかですね。このような丸め誤差を量子化雑音と呼びます。量子化雑音が大きければ，当然入力信号を忠実に再現できなくなります。

図 4.14 (a) も，同じように入力信号をサンプリング周波数 1,000 Hz で離散化して量子化したデータです。ただし，量子化ビット数は 8 としました。したがって，量子化値は $-128 \sim 127$ の整数値になります。図 (b) に量子化雑音を示しています。量子化雑音の大きさは，図 4.13 の例と同じく $-0.5 \sim 0.5$ の範囲ですが，信号のレベル，つまり量子化値自体が大きくなったので，相対的に量子化雑音が小さくなっています。

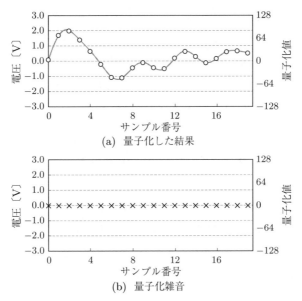

図 4.14 8 ビット量子化
8 ビットで量子化されたサンプル列 (a) と量子化雑音 (b)。図 (a) の ○ は量子化されたサンプル，図 (b) の × はサンプル値ともとの信号の差分。

このように量子化ビット数を大きくするほど，信号のレベルに対する量子化雑音のレベルを相対的に小さく抑えられ，ダイナミックレンジが広がります。ダイナミックレンジが広いほど原音を忠実に再現できるようになるのです。

ちなみに，皆さんにもなじみ深い CD-DA の量子化ビット数は 16 ですので，量子化値は $-32{,}768 \sim 32{,}767$ の整数値になります。

4.2.6 デジタルオーディオの正体

上記のとおり，オーディオ信号をデジタル化するには，連続的な電圧変化であるアナログ信号を時間軸上で，一定のサンプリング周期間隔に並ぶサンプルに分断（サンプリング）し，個々のサンプルが持つ電圧値を有限ビット長の整数に丸める（量子化する）必要があります。

こうして得られたサンプル列は，整数値が時系列に並んだものです。これを

コンピュータで扱えるように二進数にしたものが，デジタルオーディオの正体です。量子化ビット数が 16 で，サンプリング周波数が 44,100 Hz，ステレオ（2チャンネル）なら，16 桁の二進数が 1 秒当り 88,200 個並ぶことになります。

オーディオ再生装置（プレーヤー）からは，時系列に並んだ量子化値を滑らかにつないだアナログ信号が出力されるわけです。

4.3 なぜデジタルなのか？

最近では，私たちが耳にする音楽の大半がデジタルではないでしょうか？ 音に限らず，コンピュータで扱うデータはすべてデジタルです。DVD やブルーレイディスク，デジカメ，スマホ，電子メール，どれもこれもデジタルです。デジタルなしの生活なんて，もはや考えられないくらいです。

4.3.1 デジタルの利点

では，どうしてなにもかもデジタルなのでしょうか？ デジタルには，それだけのメリットがあるのです。アナログに対するデジタルの利点はいろいろありますが，おそらく最大の利点は，ノイズに強いということでしょう。では，どうしてノイズに強いのでしょうか？

図 4.15 (a) に示すようなアナログ信号を伝送するとします。どれだけ高級な伝送ケーブルを使っていたとしても，伝送経路上ではノイズが加わります。伝送元の信号に図 4.15 (b) に示すノイズが加わると，伝送先で受信される信号は図 4.15 (c) のようになります。ノイズによって信号は汚れています。つまり劣化してしまうのです。このように一度劣化してしまった信号を元通りに回復させることは，ほぼ不可能です。

では，デジタル信号を伝送する場合はどうでしょうか。**図 4.16** (a) は，模式的に表したデジタル信号です。何度も述べているように，デジタル信号には 0 と 1 の 2 値しかありません。デジタル信号は，0 と 1 が非常に高速に切り替わる信号なのです。この信号を伝送するとします。伝送には，どれほど高級な伝

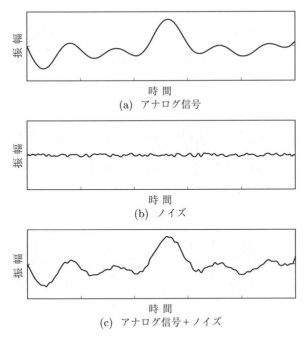

図 4.15 アナログ信号の劣化
アナログ信号 (a) の伝送経路にノイズ (b) が加わると，伝送後の信号 (c) は，ノイズによって劣化した信号になる．

送ケーブルを使ったとしても，ノイズが発生します．伝送中に図 4.15 (b) に示したのと同じノイズが加わったとすると，伝送先で受信される信号は，図 4.16 (b) のようになります．ノイズによって信号は劣化しています．

しかし，ここからがアナログとの違いです．デジタル信号の伝送では，受信側にも送られてくる信号が 0 と 1 の 2 値しか持たないことがわかっています．したがって，図 4.16 (b) のような信号を受信すると，例えば**振幅**の 0.5 を閾値として，閾値より振幅が大きければ 1，小さければ 0 とより分けることで，もとの信号を復元することができます．つまり，クロックのタイミング（データ 1 ビット分の時間間隔）に合わせて，1 か 0 かの判断だけを行っていけば，図 (b) の信号から図 (c) の信号が得られることになります．図 (b) には，この閾値を示す破線が示してあります．図 (c) と図 (a) を比べれば，伝送先で伝送元と

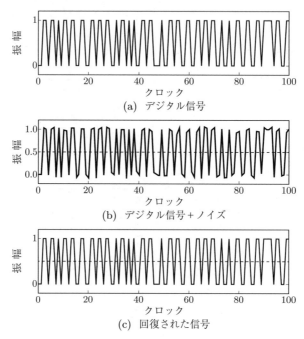

図 4.16 デジタル信号の回復
0 と 1 の 2 値からなるデジタル信号 (a) の伝送経路でノイズが加わったもの (b) と，0 と 1 の 2 値に回復された信号 (c)。

まったく同じ信号を得られることがわかります。伝送の際にノイズが加わっても，伝送先では，ちゃんともとの信号を理解できているのです。

デジタル技術を用いると，多少のノイズによる信号の劣化は，完全に回復できるのです。これは画期的なことです。アナログオーディオでは，オリジナルと完全に同じ複製はできません。複製するたびに品質は劣化します。複写機（コピー機）で画像を複写して，複写された画像を複写機でまた複写するとします。これを何代にもわたって繰り返してみましょう。近年の複写機の性能はかなり優れていますが，それでも 4, 5 回複写を繰り返したあとの画像は，最初の画像と比べて目に見えて劣化しているはずです。アナログオーディオの複製もこれと同じです。

これに対し，デジタルオーディオを複製する場合は，通信ケーブルの品質が悪くて，伝送中に多少のノイズが加わったとしても，オリジナルと完全に同じ複製データができてしまうのです。複製データからその複製を作り，その複製からまた複製するという操作を何代にもわたって繰り返したとしても，最初のオリジナルと完全に同じデータを複製できるのです。

コンピュータを頻繁に利用される方なら，プログラムの実行ファイルを CD-ROM から，あるいはインターネットを介して，ダウンロードし，PC にインストールして実行させた経験があるかもしれませんが，そんなことが可能なのも，すべてデジタルデータのやりとりだからなのです。

もちろん，さまざまなデータの加工が数値演算で実現できることも，デジタルの大きな利点です。デジカメで撮影した画像を一瞬にしてセピアカラーに変換したり，コントラストを強めたり，ぼかしたり，白黒反転させたり，文字をエンボス加工したり，顔を認識させたり，モザイクを施したり，すべて数値演算で実現されているのです。

本書の執筆にしても，原稿用紙や万年筆などいっさい使うことなく，PC だけで原稿を書いています。あがった原稿は電子メールに添付して送信するだけなので，出版社の編集担当に，わざわざ原稿を受け取りに来てもらう必要もありません。

8 章では**周波数分析**について述べます。この周波数分析が非常に短時間に，しかも高精度で行えるのもデジタル技術の利点です。

4.3.2 デジタルを実現するには

デジタルには大きな利点がある一方で，デジタル信号のやりとりには，高密度な記録装置と広帯域の伝送技術が必要です。リニア PCM 信号で考えてみましょう。CD-DA のフォーマットなら，サンプリング周波数は 44,100 Hz で，量子化ビット数は 16 です。16 桁の二進数が 1 秒間に 44,100 個あるわけです。ステレオならさらにその 2 倍ですから，1 秒に 1,411,200 桁です。0 と 1 の値がこれだけ高速に切り替わるということです。これほど高速に切り替わる信号

は，周波数帯域が非常に広くなります。したがって，周波数帯域の狭い伝送手段では通信できません。デジタル技術は，高密度な記録装置の開発と高速通信技術により実現されたものなのです。

引用・参考文献

1) 中島平太郎, "図解 CD 読本," オーム社, 2008
2) 蘆原　郁（編著）, "超広帯域オーディオの計測," コロナ社, 2011

Chapter

5

見えない音を「見る」方法

　1章でもお話しましたが，音は空気の中にできた波であるとイメージしてさしつかえはありません。もちろん，音響学をこれから学ぶ人は，さらに詳しく，音は「空気の中を伝わる疎密波である」「気圧の連続的な微小変化である」ということもしっかりと理解しておいてください。

　いずれの言葉で表現しても，ほとんどの場合は，音を伝えるのが空気であることには間違いがないようです。そして，音響学を難しくしている最大の要因は，「空気は目に見えない」ということなのです。

　目に見えない音を理解するためには，その物理的な特性を文章で述べたり，数式で考えたり，図で表現したりしなければなりません。音響学を最初に学ぶ人にとっては，これらの文章，数式，図の意味を理解することが最初の仕事になるわけですが，一方で，これらを理解できないために，音響学を学ぶことをあきらめてしまっている人が多いことも事実です。

　本章では，できる限り簡単に，わかりやすく，目に見えない音を理解する方法をお教えしましょう。本書のウェブサイトでは，本章で出てくるサンプル音を実際に聞くこともできます。ご自身の耳で聞きながら，音のイメージを膨らませてください。

5.1 波形による表現

音の**波形**は，目に見えない音を理解するために，最も頻繁に使われる図です。この図の意味をしっかりと理解できないようでは，音響学を理解することは難しいといえるでしょう。

図 1.6 をもう一度見てください。空気の中を伝わる**疎密波**である音を，横軸を時間，縦軸を**気圧**の変化量として表現している図が，図 (c) にあります。これを**図 5.1** として抜き出します。これが音の波形による表現です。

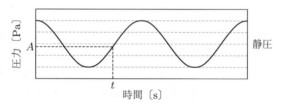

図 5.1 音の波形の例
ここでは縦軸が圧力になっていることに注意しよう。静圧は，音がない状態のときの圧力。

音響学において使用される音の波形では，多くの場合，横軸は時間で表現されます。ですから，図 5.1 は，空気の中を伝わる疎密波における気圧が，時間が経過するとともにどのように変化しているのか？を表現していることになります。

縦軸は，ここでは圧力として表現しています。ここで，**静圧**（音がない状態のときの圧力）と圧力の差が**音圧**ということになります。例えば図 5.1 では，時間が t 〔s〕経過したときの，その瞬間的な圧力は破線で示すとおり，A〔Pa〕になっています。このような，ある時間における瞬間的な圧力を**瞬時圧力**，音圧であれば**瞬時音圧**といいます。また，ある時間内の平均的な音圧を知りたいときは，その時間内の瞬時音圧の単なる平均値を求めるのではなく，**実効値**（5.3 節参照）で表すケースが多く，これは**実効音圧**と呼ばれます。

5.1 波形による表現

　気をつけたいのは，音を波形で表現する際には，そのときどきによって縦軸の単位が変わるということです。例えば，縦軸の単位が「電圧〔V〕」となっている場合があります。これは，音をマイクロフォンで収録した場合の，マイクロフォンもしくはアンプなどの音響機器から出てきた電圧（出力電圧）であると考えられます。マイクロフォンは音圧の変化を電気信号（多くの場合は電圧）に変換する機器ですから，この場合は，その電圧の値を縦軸にしているということです。

　また，縦軸に「標本値」「サンプル値」などと書かれている場合もあります。これは4章でお話した，音の信号が**デジタル**化されたあとの**振幅**の値ですので，その値の範囲は**量子化**のビット数で決まることになります。例えば，**量子化ビット数**が16であれば，$-32{,}768 \sim 32{,}767$ の数字が割り振られているはずです。

　ちなみに「振幅」とは，変化（変位）の大きさ全般を指す言葉です。ですから，図5.1のように縦軸が圧力の場合は，静圧からの圧力の変化の大きさが振幅ということになります。

　図 5.2 では，縦軸が $-1 \sim 1$ になっていて「振幅」と表記されています。これは，多くの場合は，その縦軸の値の最大値で全体の値を割った**正規化**という作業を行って表記されている波形でしょう。最大値ですべての**瞬時振幅**の値を割っているので，すべて $-1 \sim 1$ の値に収まるということです。縦軸の細かな数値を知る必要がなく，波形そのものを観測したいときなどには，正規化した振幅で表記する場合が多いようです。

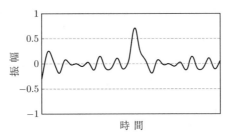

図 **5.2**　振幅が正規化された波形の例

いずれにしても，音の波形表現のほとんどは，横軸は時間で縦軸は圧力（音圧）です。ただし，縦軸の表記の仕方には，上記のほかにもさまざまなパターンがあることを知っておいてください。

5.2 波形から読み取ろう 〜振幅，周期と波長〜

音の波形からは，たくさんの情報を読み取るがことができます。

図 5.3 の波形を見てみましょう。振幅が一定で，一定の**周期**で繰り返している波形です。そうです，これは**純音**ですね。縦軸は振幅となっており，その値の範囲は $-32{,}768 \sim 32{,}767$ です。4 章や 5.1 節でお話した内容から，おそらくは量子化ビット数 16 でデジタル化された純音の波形だろうと予測できます。

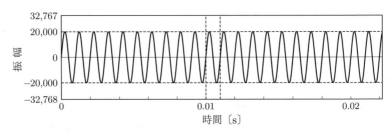

図 5.3 1,000 Hz の純音の波形
横軸の破線で挟まれた範囲が 0.001 s となっているので 1,000 Hz だということがわかる。

振幅の最大値は 20,000（−20,000）です。この音がデジタル化されたときの**フルスケール**（その機器が扱える最大の振幅）から $32{,}767 - 20{,}000 = 12{,}767$ だけ低い振幅だと読み取れます。でも，これでは，実際にどれくらい低いのかわかりにくいので，この差を 1.3 節「dB とはなにか？ 〜強い音，弱い音〜」をもう一度読み直して，計算機を使って dB で表してみましょう。

$$20 \times \log_{10}\left(\frac{20{,}000}{32{,}768}\right) \approx -4.3\,\mathrm{dB} \tag{5.1}$$

となります。つまり，フルスケールのレベルから 4.3 dB 低いレベルに振幅の最大値がある純音ということですね。

5.2 波形から読み取ろう 〜振幅，周期と波長〜

つぎに横軸で考えてみます．破線で囲まれた範囲がこの純音の 1 周期に相当するということは，もうおわかりでしょう．図から，この純音の 1 周期は 0.001 s だと読み取れます．3.5.1 項「基本周波数とフォルマントの意味を知る」でお話ししたように，**周波数**〔Hz〕= 1/周期〔s〕の関係がありますから，ここから周波数を計算すれば

$$1/0.001 = 1{,}000 \text{ Hz} \tag{5.2}$$

となり，この純音の周波数は 1,000 Hz だと読み取れます．

周期と周波数がわかったので，ついでに，この 1 周期の波の長さ（**波長**）も求めてしまいましょう．**音速**は，おおよそ 340 m/s でしたね．これも 3.5.1 項で計算したのと同じように，速さ×時間＝長さ（距離）から

$$340 \times 0.001 = 0.34 \text{ m} \tag{5.3}$$

となります．1,000 Hz の純音の 1 周期の波長は 34 cm ということです．

図 5.4 は，ピチャン，ポチャンという感じに聞こえる水滴の音の波形です．図 5.3 に比べると，だいぶん振幅が小さいですね．さらに，音の振幅の立ち上がりが鋭いのが見て取れるでしょう．一瞬で音が発生し，アッという間に消えてしまう．そんな音が不定期に発生し，風呂場の天井から湯船に落ちる水滴の音のような，ピチャン，ポチャン，ピチャピチャ，ポチャン・・・が聞こえているようです．

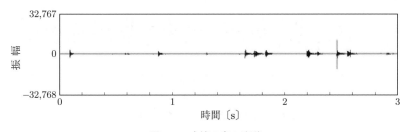

図 **5.4** 水滴の音の波形

図 5.5 は，小さな男の子が「アンパンマンが好き」と発声したときの声の波形です（ここでは振幅は正規化して $-1 \sim 1$ としています）。発声の内容（言葉）によって，波形の振幅が大きく変化している様子が見て取れます。全体的に，母音は振幅が大きく，/p/，/g/，/s/，/k/ などの子音は振幅が小さいようです。また，/k/ の部分をよく見ると，振幅が小さく，しかし，まるでトゲのように鋭く立ち上がっています。これは /k/ が，子音の中でも破裂音と呼ばれる子音で，図 3.4 の口蓋のところを破裂させるようにして発声されていることによります。

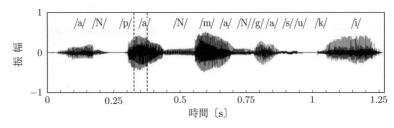

図 5.5　男の子の声の波形「アンパンマンが好き」

図 5.6 は，図 5.5 で破線で示した /a/ の部分を拡大した波形です。同じ形をした波形が周期的に繰り返されています。これは /a/ が**有声音**だからです。**声帯の開閉によってできる喉頭原音**による振幅の変化がハッキリと見えているわけです。振幅が大きくなっているときが，**声門が開いているとき**ですね。

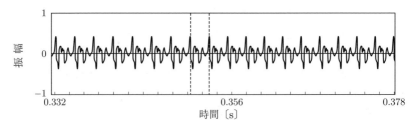

図 5.6　図 5.5 の破線部 /a/ を拡大した波形

この波形の周期を調べてみましょう。破線の範囲を見てください。破線が，波形の 1 周期分であることがわかるでしょう。そして，少しわかりにくいかも

しれませんが，この破線の範囲は，おおよそ 0.3500〜0.3528 s の範囲を示していますので，1 周期は 0.0028 s くらいだということです．よって，この男の子の声の基本周波数は 1÷0.0028 で，おおよそ 357 Hz だということが波形からわかります．

　ここで例として示した純音，水滴の音，男の子の声は，本書のウェブサイトで実際に聞くこともできます．波形をイメージしながら，ぜひ聞いてみてください．

5.3　瞬時値と実効値

　5.1 節で，音の波形から瞬時音圧が読み取れるというお話をしました．ここで，あらためて波形と音の強さ，大きさについて考えてみましょう．

　瞬時音圧は，確かに，その音の強さを表す指標ですし，この値が大きければ，人間が耳で聞いたとき大きい音として感じるでしょう．

　しかし，例えば，図 5.7 の波形を見てください．これは純音の波形を拡大したものです．振幅は，考えやすいように，ここでは −15〜15 の値に割り振られています．ここで，矢印で指定された時間の範囲だけを考えてみます．左か

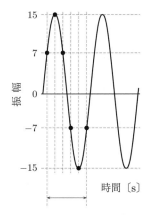

図 5.7　純音の一部を拡大した波形
　　　　矢印で指定された範囲の振幅を考えてみる．

ら右に，時間経過とともに黒丸で示された瞬時振幅の値を見ていきましょう。7, 15, 7, −7, −15, −7 となっています。最大値は 15 ですね。振幅が負（マイナス）の値になっていますが，−15 も振幅の大きさだけ考えれば 15 ですから，これも最大振幅でしょう。このように，数字の正負（プラス，マイナス）に関係なく，その大きさだけで表現された値は**絶対値**と呼ばれます。

図 5.8 は水滴の音の波形の一部を拡大したものです。図 5.7 のときと同じように瞬時振幅を見てみると，−2, 9, −15, 6, 6, −4 です。最大振幅を絶対値で見てみましょう。−15 がありますから，これも 15 になりますね。

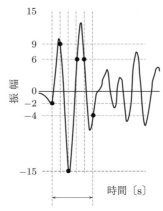

図 5.8 水滴の音の一部を拡大した波形
矢印で指定された範囲の振幅を考えてみる。

図 5.7 と図 5.8 で，瞬時振幅の最大値（絶対値）は同じです。でも，最大値以外の瞬時振幅を見てみると，図 5.7 では 7 か −7 なのに対して，図 5.8 にはさまざまな値が並んでいます。この二つの波形，どちらが強く，大きい音なのでしょうか？

人間は，瞬時音圧でその音の大きさを感じるとは限りません。多くの場合は，ある程度の時間間隔の中の平均的な音圧によって，音の大きさの大小を感じるのです。

ですから，今度は矢印の範囲の 6 個の瞬時振幅の平均値を見てみましょう。図 5.7 では

$$\frac{7+15+7+(-7)+(-15)+(-7)}{6} = 0 \tag{5.4}$$

で，図 5.8 では

$$\frac{(-2)+9+(-15)+6+6+(-4)}{6} = 0 \tag{5.5}$$

です．

ムムム・・・，両方とも 0 ？ 瞬時振幅の値には正の値と負の値が混ざっているので，単純に平均してしまうと，このようにほとんど 0 に近い値になってしまう場合が多いのです．最大振幅が大きくても小さくても結果にあまり差が出ず，どんな波形でも似たような値になってしまいます．波形の縦軸が音圧であれば，瞬時音圧の値を単に平均すれば，多くの場合，静圧に近い値になってしまうでしょう．

では，振幅の絶対値を平均すればよいような感じもします．絶対値を使えば，値の正負に関係なく，振幅の大きさそのものの平均値が得られそうです・・・．しかし，実際には，絶対値の平均値というものはほとんど使われません．

このような場合，音響学の世界に限らず，波形を扱うさまざまな分野では，実効値と呼ばれる値がよく用いられます．デジタルの波形から実効値を計算するためには，求めたい時間の範囲の瞬時振幅をそれぞれ 2 乗した値の平均値を求め，その平方根（ルート）を計算します．

図 5.7 の実効値は

$$\sqrt{\frac{\{7^2+15^2+7^2+(-7)^2+(-15)^2+(-7)^2\}}{6}} \approx 10.4 \tag{5.6}$$

となり，図 5.8 の実効値は

$$\sqrt{\frac{\{(-2)^2+9^2+(-15)^2+6^2+6^2+(-4)^2\}}{6}} \approx 8.1 \tag{5.7}$$

となります．図 5.7 と図 5.8 の矢印の時間の範囲では，図 5.7 の純音の波形のほうが音圧が高いということです．

実効値では，瞬時振幅の値を 2 乗することによって値の正負の影響をなくした上で，振幅の大きさの平均を見ていることになります．考え方としては，絶

対値の平均値を見ているのに近いですが，単に絶対値の平均値を計算した場合とは結果が異なりますので，勘違いしないようにしてください。

ここでは，縦軸の値は振幅としていますが，これが音圧であれば，求められた実効値は実効音圧と呼ばれます。

音響の世界において音圧〇〇dBなどといわれる場合，その音圧が瞬時音圧なのか実効音圧なのかは大きな違いです。人間が感じる音の大きさを論じる場合などは，瞬時音圧はあまり大きな意味を持たない場合が多く，ある時間の範囲の中の実効音圧のほうが重視される場合が多いのです。

5.4 周波数特性とはなにか？

周波数特性は，音響学を学ぶ人にとってなくてはならないものなのですが，一方で，その意味をよく理解していない人が意外と多くいます。ここまでで，音の物理的特性に関する理解が深まったことと思いますので，ここでは，その知識を用いて，周波数特性が持つ意味について解説してみたいと思います。

図 5.9 は，ある音響機器の周波数特性です。ここでクイズです。この音響機器はなんでしょう？ わかる人はいますか？ もしわかったら，この節は読まなくてもよいでしょう。

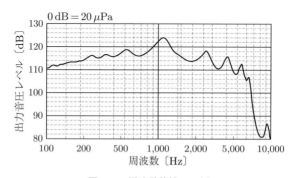

図 5.9 周波数特性の一例

5.4 周波数特性とはなにか？

このクイズに正解するのは至難の業です。とても難しい問題です。ですが，音響学に関して知識を持っている人ならば，少なくともこれが市販されている一般的なオーディオ機器の周波数特性でないことは，一目でわかるはずなのです。それを説明していきましょう。

周波数特性は，音響機器の性能などを表す最も重要な指標です。ここでいう音響機器とは，ヘッドフォン，スピーカー，アンプなどの音を出す機器，もしくはマイクロフォンのように収音する機器全般を指します。

音を出す機器，収音する機器にはすべて周波数特性があります。1.4 節などでもお話しましたが，音は**干渉**や反射を起こします。ですから，音を出したり，音を拾ったりと，音が伝わる装置には，それぞれ**共鳴周波数**が存在します。同じ音を入れたとしても，その装置によって，強く出る周波数，弱く出る周波数が変わってきます。どの周波数も一様に同じ強さで出せるような理想的な音響装置は，現実にはありません。音の干渉や反射がまったくないような，無限に広く，まったく障害物がない場所で音を出さない限り，必ず周波数ごとの強弱が出るのです。装置によっては，ある周波数の音ばかりが強く出て，他の周波数の音はサッパリ出ないなんてことも起こり得ます。

周波数特性とは，要は，その機器が，どの周波数の音は強く出せて，どの周波数の音は弱まってしまうのかを表したグラフです。周波数の英語 "Frequency" の "F" を使って「F 特性」，それをさらに略して「F特」などと呼ばれることもあります。

周波数特性の測り方にはさまざまな方法がありますが，ここでは最も一般的な方法を紹介しておきます。

図 5.10 のように，まず，周波数特性を測りたい機器にある周波数の純音を入力します。そして，その機器を通して出てきた音をマイクで収音し，その音の**音圧レベル**を測定します。そうしたら，横軸を周波数，縦軸を音圧レベルとしたグラフの上に，そのレベルをプロットします。そして，入力する音の周波数を変えて同様に測定し，出てきた音の音圧レベルを，その周波数のところにプロットします。これを何回も繰り返して，プロットした点を線で結ぶと，周

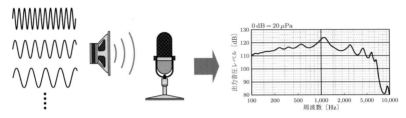

図 **5.10** 周波数特性の測定法の一例

波数特性のでき上がりです。

　ここで，機器に入力する純音のレベル（振幅）は，周波数が変わっても同じにしなければいけません。同じレベルの純音を入れれば，周波数が変わっても，（その機器が理想的な周波数特性を持っていれば）同じレベルの音が出力されるはずです。しかし，現実には，機器の内部ではさまざまな要因で音の成分の変化が起こります。よって，周波数特性は理想的な直線にはならず，凹凸のある形になります。

　また，その機器が出せる周波数の範囲にも限界があります。低い周波数（低音）はあまり出せない機器，高い周波数を出せない機器など，機器によってさまざまです。図 5.9 の機器では，6,000 Hz 以上の周波数の音は，ほとんど出せていないですね。

　周波数特性を測定する測定装置では，測定のための入力音として，**スイープ音**と呼ばれる，純音の周波数が連続的に変化する音がよく使われます。スイープ音の周波数の変化のタイミングに合わせて音圧レベルを測定し，それをプロットしていくのです。スイープ音は，本書のウェブサイトで実際に聞くことができます（周波数特性を測定するためには，ほかにもさまざまな入力音が使われますが，ここではスイープ音だけを紹介しておきます）。

　ところで，図 5.9 の周波数特性ですが，横軸がなんとなく変な感じがしませんか？ 例えば，500 〜 1,000 Hz の間隔と 1,000 〜 2,000 Hz の間隔が同じでしょう。500 〜 1,000 Hz の差は 500 Hz で，1,000 〜 2,000 Hz の差は 1,000 Hz なのですから，普通にグラフを描けば，1,000 〜 2,000 Hz の間隔は 500 〜 1,000 Hz

の間隔の倍になるはずです。

　図 5.9 の周波数特性は**対数スケール**という方法で描かれています。これは，1.3 節「dB とはなにか？ 〜強い音，弱い音〜」で述べた**対数**で横軸の周波数を表す表記法です。1.3 節で，人間が感じる音の大きさは，音圧が 2 倍になったから 2 倍の大きさに感じるというものではなく，対数に近い関係になっているというお話をしました。じつは，音の高さ（周波数）の変化に対する感じ方も，周波数が 2 倍になったから高さも 2 倍に感じるという単純な関係ではなく，対数に近い関係になっているのです。ですから，音響機器の周波数特性を描く際には，横軸（周波数）を対数スケールにしたものがよく使われます。もちろん，対数スケールではなくて，普通のグラフと同じように横軸の周波数を等間隔にして描く場合もあり，それは**リニアスケール**と呼ばれます。

　対数スケールとリニアスケールは，そのときどきの周波数特性の用途によって使い分けられていますので，どちらのスケールなのか注意して見るようにしてください。

　そろそろ，先ほど出したクイズの答え合わせをしましょう。まずは，これが一般的なオーディオ機器でないことは，周波数特性から一目瞭然なのです。なぜなら，6,000 Hz 以上の周波数の音が，ほとんど出ていないからです。

　音楽を聴く上で，どこまでの周波数範囲を再生できるかは，とても重要です。低い周波数を強く出せれば重低音で迫力のある音が聴けますし，高い周波数が出せれば，澄んだ豊かな音が聴こえます。人間の**聴覚**は最高で 20,000 Hz くらいまでの音を聴くことができます。ですから，音楽を聴く際も，20,000 Hz とまではいいませんが，それに近い周波数くらいまでは出ていてほしいのです。実際，現在市販されているオーディオ機器の大部分は，かなり低価格のものでも，20,000 Hz もしくはそれ以上の周波数まで出すことができます。よって，音楽を聴くための機器で，図のように 6,000 Hz までしか出ないというのは，現代ではほとんどないのです。

　図 5.9 は，補聴器の周波数特性です。入力音圧レベルは 90 dB です。補聴器を使用する方の多くは，音楽を聴くことではなく，会話することを目的として

補聴器を使います。高齢の方であれば，お孫さんとの会話などです。使用目的から考えれば，会話の音声の周波数を優先するのは当然であり，よって，会話音声以外の周波数，特に高い周波数は必要ないのです。

図 5.9 は

> 「ある補聴器に音圧レベル 90 dB の音を入力して測定した周波数特性」

を示したものです。

5.5 スペクトルを見てみよう
〜パワースペクトルとサウンドスペクトログラム〜

1.2 節「周波数とはなにか？ 〜高い音，低い音〜」で，自然界に存在するほとんどすべての音は，さまざまな周波数成分が混じり合ってできた**複合音**であるというお話をしました。そして，私たちが音を聞いたときに感じる音色の違いは，おもに，どのあたりの周波数成分が強いか？で決まっているというお話をしました。

3.4 節「声のメカニズム 〜有声音と無声音〜」と 3.5 節「基本周波数とフォルマント」では，人間の声にも基本周波数や**フォルマント**をはじめとするさまざまな周波数成分があり，その違いによって言葉の違いが生み出されているというお話もしました。

2.3 節「内耳の役割」では，人間の**内耳**（蝸牛）は，耳に入ってきた音に含まれる周波数の違いを認識するためのセンサーであり，内耳で分析した周波数成分のパターンを**聴神経**から脳に送り，私たちは言葉の意味や声質，音色，旋律，歌声などを認識し，感じているのだというお話をしました。

以上を思い出してもらえれば，音響学において，「それぞれの音がどんな周波数成分からできているのか？」を知ることがいかに重要かが理解できると思います。

耳の悪い人に，どんな音が聞きにくいか？と尋ね，聞きにくい音の周波数成

分がわかれば，その人の耳がどういった**難聴**状態になっているのかの予想ができる場合があります。

また，声帯や声道が正常に動かなくなってしまう構音（調音）障害がある人の声を分析すれば，障害部位の特定や，発声発語訓練の効率的なメニュー作りに役立つでしょう。

さらに，サウンド効果の加わったアート作品を制作していて，イメージと違う作品になってしまったとき，使ったサウンドの周波数成分を分析すれば，具体的にどんな修正を加えればイメージに合う音になるか予測できるかもしれません。

騒音で困っている地域では，その騒音の音圧レベルだけでなく周波数成分も分析すれば，ひょっとしたら騒音による不快感を低減する方策が見つかるかもしれません。

音の周波数成分の分析（以降，**周波数分析**と呼びます）には，ほかにも数え上げたらキリがないほど，たくさんの用途があるのです。音響学を学ぶ人には，音の周波数分析の意味と結果を，しっかりと理解できるようになってほしいものです。

音響学の世界では，周波数分析の結果として得られる**パワースペクトル**とサウンドスペクトログラムが頻繁に出てきます。本節では，これらの見方を解説しておきたいと思います。

5.5.1 パワースペクトル

図 **5.11** に，川のせせらぎの音の波形を示します。そして，破線で示されている区間，つまり，この川のせせらぎの音の $1.0 \sim 1.5\,\mathrm{s}$ に，どんな周波数成分が含まれているか，周波数分析を行ってパワースペクトルを見てみましょう。

図 **5.12** が，そのパワースペクトルです。横軸が周波数〔Hz〕で縦軸はレベル〔dB〕となっています。図を見れば，周波数ごとのレベルがわかるでしょう。川のせせらぎの音の周波数成分は，$0\,\mathrm{Hz}$ から $4{,}000\,\mathrm{Hz}$ くらいまではだいたい同じようなレベルで，$4{,}000\,\mathrm{Hz}$ からはレベルが下がっています。さらに細かく見

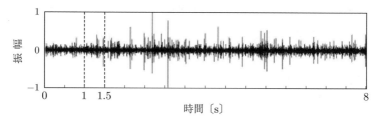

図 5.11 川のせせらぎの音の波形

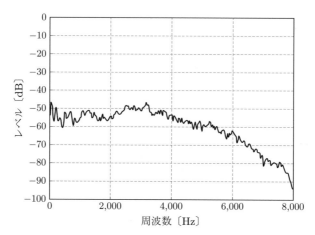

図 5.12 川のせせらぎの音のパワースペクトル
図 5.11 に破線で示した 1.0〜1.5 s の区間のパワースペクトル。

ると,1,200 Hz や 3,000 Hz あたりが少し強くなっていて,800 Hz や 1,800 Hz は,逆にやや弱いようです。パワースペクトルをザッと眺めるだけで,なんとなく川のせせらぎの音の周波数成分がわかりますね。

　自然界に存在する音の大部分は,複数の周波数成分からできた複合音です。逆に,一つの周波数成分だけしか持たない音は純音(**サイン波**)です。ということは,複合音を複数のサイン波に分解して,それぞれのサイン波のレベルを眺めれば,どの周波数成分が強く,どこが弱いのかがわかるわけです。つまり,周波数分析とは,複合音を一つひとつのサイン波に分解し,それぞれのレベルを求めることなのです。そして,その結果を図 5.12 のようなグラフで表してい

5.5 スペクトルを見てみよう 〜パワースペクトルとサウンドスペクトログラム〜

るのがパワースペクトルです（複合音とサイン波，パワースペクトルの関係については，6〜8章でさらに詳しく，やさしく解説します）。

ここで，図 5.12 のパワースペクトルは横軸がリニアスケールです（対数スケールで描かれている場合もありますから注意してください）。周波数の範囲は，0〜8,000 Hz です。4 章の内容を思い出してください。図 5.12 はデジタルのサウンドファイルを PC で周波数分析した結果ですので，周波数成分の上限が 8,000 Hz になっているということは，このサウンドファイルの**サンプリング周波数**は，おそらくその 2 倍の 16,000 Hz であろうと予想できます。

そして，縦軸はレベル〔dB〕となっていて，値の範囲は −100〜0 dB です。ただし，単位が dB だからといって，音圧レベルだというわけではありません。この場合は，単に「レベル」と書かれているだけなので，なんらかの値を基準の 0 dB として，それぞれの周波数成分のレベルがそこから何 dB 落ちているか？ を見ていることになります。ちなみに，PC 上で扱える音響分析のフリーソフトなどでは，フルスケールの場合のレベルを 0 dB としている場合が多いようです。パワースペクトルを観測する最大の目的は，周波数成分の強弱を確認することですので，縦軸は具体的な音圧レベルではなく，このような相対的なレベルで描かれている場合が多くなっています。川のせせらぎの音も本書のウェブサイトで聞くことができますので，実際に音を聞いて，さらにイメージを深めてください。

図 5.13 に，図 5.5 で示した男の子の声の波形を，もう一度示します。そして，破線で示した二つの区間，/a/ の区間と /s/ の区間のパワースペクトルを

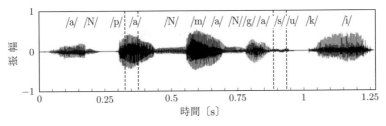

図 **5.13** 男の子の声の波形「アンパンマンが好き」

見てみましょう。

図 5.14 は，図 5.13 の /a/ のパワースペクトルです。川のせせらぎの音のパワースペクトルとは，だいぶ違いますね。たくさんのトゲ（ピーク）があるような形になっています。これは，有声音，特に母音によく見られるパワースペクトルです。

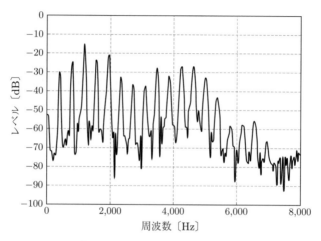

図 5.14　/a/ のパワースペクトル

まず，ピークが等間隔に並んでいることに注目してください。リニアスケールで等間隔ということは，ある周波数の 2 倍，3 倍 … という整数倍の周波数成分が強いということ，つまり，倍音になっているということです。

3.5 節「基本周波数とフォルマント」でお話したように，有声音の喉頭原音には，声帯の開閉周期による基本波と，その倍音が含まれています。図 5.14 では，その様子がパワースペクトルによって表されています。具体的には，5.2 節「波形から読み取ろう 〜振幅，周期と波長〜」でお話したように，この男の子の声の /a/ の基本周波数はおおよそ 357 Hz ですから，357 Hz と，その倍音成分 714 Hz，1,071 Hz，… が見えているはずです。

図 5.15 に，/s/ のパワースペクトルを示します。同じ男の子の声なのに，/a/ のときとはまるで違う形をしていますね。同じ声なのに，なぜこんなに違うの

5.5 スペクトルを見てみよう 〜パワースペクトルとサウンドスペクトログラム〜

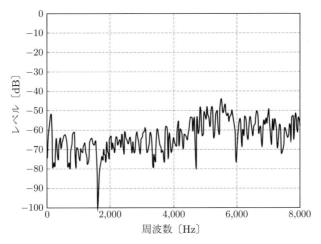

図 5.15 /s/ のパワースペクトル

かといえば，/s/ が無声音だからです．無声音には基本周波数や，その倍音成分が存在しないのです．

基本周波数がないということで考えれば，図 5.12 の川のせせらぎに近いといえるのかもしれませんが，川のせせらぎでは 4,000 Hz あたりまではだいたい同じようなレベルで，それより高い周波数はどんどん弱まっていたのに対して，/s/ では低い周波数が弱く，5,000〜6,000 Hz が強くなっています．

これを見るだけで，/s/ の音がどんな音か想像がつきますね．もちろん，皆さんは「す」の子音の /s/ がどんな音かは知っていますし，自分でも発声できるわけですが・・・，あえてパワースペクトルから，その音をイメージしてみましょう．

まず，基本周波数がないので，/a/ のようにハッキリとわかりやすい音ではないようです．川のせせらぎは「ジョロロロロ・・・」といった音ですが，そんな感じでしょうか．しかし，周波数は /s/ のほうが高いですね．だとすると，「スーーーー」という感じ？ でも，波形を眺めると，/s/ の持続時間は川のせせらぎよりもはるかに短く，0.1 s もない，一瞬しか聞こえない音のようです．

「ス！」

どうでしょう？ イメージできますか？

5.5.2 サウンドスペクトログラム

当然のことですが，周波数分析を行うためには，ある程度の分析区間が必要です。瞬時振幅を見ただけでは，その音の周波数成分はわかりません。前節で，パワースペクトルで周波数分析結果が観測できるというお話をしましたが，その際は，波形の中のある時間の区間を破線で区切って，その中のパワースペクトルを見ていました。

その結果，例えば，同じ人の声であっても /a/ と /s/ では，その周波数成分がまるで違うことがわかりました。

そうなってくると，今度は，時間が進むにつれて，その音の周波数成分がどのように変化しているのかを，もっと詳しく見てみたくなります。しかし，それをパワースペクトルで見ていくのは大変ですね。区間を決めてパワースペクトルを見て，ちょっとずらして，またパワースペクトルを見て・・・，一体何枚のパワースペクトルを見なくてはならないのでしょうか。

そんなときに便利なのがサウンドスペクトログラムです（サウンドスペクトログラフ，**声紋**などと呼ぶ人もいます）。

図 5.16 に，これまでも見てきた男の子の声のサウンドスペクトログラムを示します。参考に，下には波形も示しています。サウンドスペクトログラムの横軸は時間〔s〕で縦軸は周波数〔Hz〕です。そして，黒いまだら模様のように描かれているものが，サウンドスペクトログラムです。

サウンドスペクトログラムは，簡単にいってしまえば，パワースペクトルを時間を追って並べたものです。しかし，ただ単に並べただけでは，ものすごい枚数になってしまいますし，見にくいです。ですから，パワースペクトルの縦軸のレベルを色の濃さで表現しています。色の濃いところがレベルが高い部分，薄いところが低い部分です。

図 5.16 を見ると，/s/ のところは高い周波数しか色が濃くなっていませんね。図 5.15 の /s/ のパワースペクトルでは，高い周波数が強く，低い周波数は弱くなっていました。サウンドスペクトログラムでは，それが色の濃淡として表されているのです。

5.5 スペクトルを見てみよう 〜パワースペクトルとサウンドスペクトログラム〜

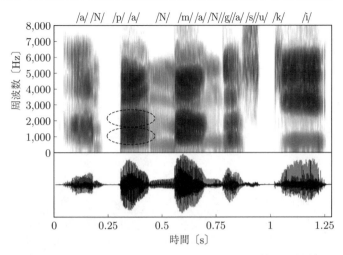

図 5.16 男の子の声のサウンドスペクトログラム（短い分析窓）
短い分析窓で分析すれば，時間的な変化を細かく観測することができる．

具体的には，波形の一番端を短い時間間隔で区切って，その中のパワースペクトルを求めます（このときの時間間隔のことを**分析窓**といいます）．そして，レベルが高い周波数のところを濃く，低い周波数のところを薄く色を付けます．つぎに，同じ長さの分析窓で，となりの区間のパワースペクトルを求め，レベルに応じて色の濃淡を付けます．それを順々に繰り返して，波形の最後まで行くと，図 5.16 のサウンドスペクトログラムのでき上がりです．

図中，破線で丸く囲んだところ（/a/ の部分）に，二つの濃いエリアが見えるでしょう．これは，1,000 Hz あたりと 2,000 Hz あたりのレベルが高いことを示しています．図 3.7 の F1-F2 図をもう一度見てみましょう．F1（第 1 フォルマント）が 1,000 Hz で F2（第 2 フォルマント）が 2,000 Hz だとすると，これは女声の /a/ のエリア内ですね．この男の子は，基本周波数も 357 Hz とかなり高めでしたし，フォルマントも女声のエリアにあるようですから，まだ声変わりをしていない小さな男の子のようです．

分析窓の長さは，図 5.16 では約 0.01 s にしています．サウンドスペクトログラムを描くには，短めの分析窓です．分析窓を短くすると，周波数成分が時間

の経過とともにどのように変化しているのかを，細かく見ることができます。

では，分析窓を長くしたサウンドスペクトログラムは，どんな感じになるでしょうか？　そこで，約 0.09 s の分析窓で作ったサウンドスペクトログラムを図 **5.17** に示します。同じ声のサウンドスペクトログラムですが，ずいぶんと見た目が変わってしまいました。分析窓を長くすると，細かな時間変化は見えなくなりますが，周波数の違いは，短いときよりも細かく見ることができます。

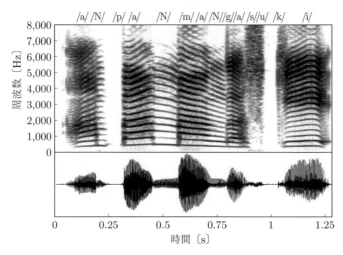

図 **5.17**　男の子の声のサウンドスペクトログラム（長い分析窓）
長い分析窓で分析すれば，細かな周波数変化を観測することができる。

図 5.17 は横縞の模様になっています。つまり，基本周波数と，その倍音が，サウンドスペクトログラムにはっきりと表れているということです。

サウンドスペクトログラムでは，分析窓の長さを変えることによって，時間変化の様子を細かく見たり，周波数の変化を細かく見たりすることができます。自分がなんのために周波数分析を行うのかをよく考えて，そのときどきに適した分析窓で分析するようにしてください。

Chapter 6

正弦波を知ろう

　音響学に足を踏み入れるとき，必ず出会う音に純音があります。本書でも，すでに1章から登場しています。純音は，自然界にはほとんど存在せず，人工的に作らない限り得られない音ですが，音響を学ぶためには基本中の基本となる重要な概念なのです。

　純音は，横軸を時間，縦軸を音圧として描いたとき，その波形が正弦波になる音です。ですから，純音を理解するには，まず正弦波とはなにか？から学ばなくてはなりません。そこで，本書では一つの章を費やして，正弦波について解説します。

6.1 直交座標系

正弦波を解説する前に，まず直交座標系について説明します。平面上に図 6.1 に示すような直交する 2 本の数直線を描き，水平方向の数直線を x 軸，垂直方向の数直線を y 軸と呼ぶことにします。平面上の任意の点 A から x 軸へ，x 軸と直交する線分を伸ばしたとき，線分が x 軸と交わった点の数直線上の数値を点 A の x 座標値と定め，同じように点 A から y 軸へ，y 軸と直交する線分を伸ばし，y 軸と交わった点の数直線上の数値を点 A の y 座標値と定めることにより，この平面上のあらゆる点は x 座標値と y 座標値という二つの数値で表すことができます。このような系のことを一般に**直交座標系**と呼びます。直交座標系の x 軸と y 軸の交点を原点と呼び，原点の x 座標値，y 座標値はともに 0 とします。また，例えば任意の点 A の x 座標値が 3 で y 座標値が 2 の場合，点 A を $(3,2)$ と表記します。

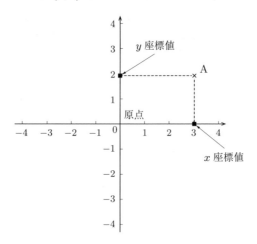

図 6.1 直交座標系
　　水平方向に伸びる数直線上の数値と垂直方向に伸びる数直線上の数値を組み合わせることで，平面上のあらゆる点の座標を表すことができるシステム（系）を，直交座標系という。

6.2 正弦波とは？

6.2.1 正　弦　波

図 **6.2** に示す平面上の点 P は，$(1,0)$ をスタート地点として，原点を中心に T 秒で 1 周という一定の**角速度**で反時計回りに回転するものとします。角速度というのは，回転運動している物体が 1 秒間に回転する角度のことです。このとき，点 P の y 座標値はどのように変化するでしょうか？　最初は 0 から徐々に増加し，1 まで行くと今度は減少します。0 を通って -1 まで行くと再び増加し始めて，0 に戻ります。これを T 秒に 1 回の頻度で繰り返すことになります。この y 座標値の変動を時間の関数として描いたのが図 **6.3** です。横軸が

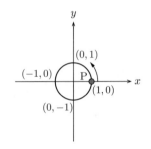

図 6.2　回転運動
　　点 P は $(1,0)$ から原点を中心として反時計回りに回転する。この回転は T 秒で 1 周する等速円運動とする。

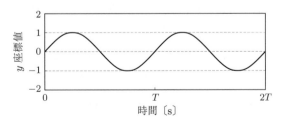

図 6.3　y 座標値の変動（正弦波）
　　点 P の y 座標値が時間とともにどのように変動するかを描いたグラフ。

時間,縦軸が y 座標の値を示します。

図 6.3 に示された**波形**,これこそが**正弦波**です。

点 P の x 座標値についても見てみましょう。点 P の回転は $(1,0)$ から始まっているので,x 座標値は 1 から,まず減少し始めます。-1 に達すると今度は増加し,1 へと戻ってきます。このような x 座標値の変動を時間の関数として描いたのが図 6.4 であり,このような波形を**余弦波**といいます。しかし,余弦波の波形は正弦波を横軸方向にずらしただけであることから,余弦波も広い意味での正弦波として扱われます。なお,英語で正弦波は sine wave,余弦波は cosine wave といいます。

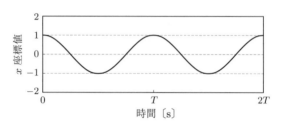

図 6.4 x 座標値の変動(余弦波)
点 P の x 座標値が時間とともにどのように変動するかを描いたグラフ。

6.2.2 正弦波の周期と振幅

図 6.3 の正弦波は T 秒ごとに繰り返されています。この場合,「この正弦波の**周期**は T 秒である」といいます。また,点 P の回転半径が 1 だったので,y 座標値の最大値,最小値はそれぞれ 1 と -1 です。このため,図 6.3 に示された波形は「**振幅**が 1 の正弦波である」といえます。もし点 P の回転半径が図 6.5 のように 3 であれば,y 座標値の変動は図 6.6 に示されるように振幅が 3 の正弦波になります。このように一つの正弦波には必ず一つの振幅があります。

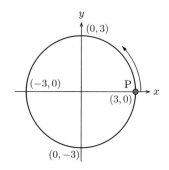

図 6.5 半径を 3 とする回転運動
点 P は $(3,0)$ を出発点とし,原点の周りを反時計回りに回転する。回転の半径は 3。

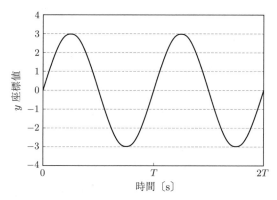

図 6.6 y 座標値の変動
点 P の y 座標値は振幅 3 の正弦波を描く。

6.2.3 波の周波数

周期的な波において,同じ波形が繰り返される頻度を表すのが**周波数**であり,1 秒に f 回繰り返される波の周波数を f 〔Hz〕といいます。図 6.3 や図 6.6 では,T 秒で正弦波が繰り返されています。ということは,1 秒なら $1/T$ 回繰り返されることになります。つまり,これらの波は,周波数が $1/T$ 〔Hz〕だということになります。

図 6.7 に,振幅も周波数も異なるさまざまな正弦波の例を示します。このよ

124　　6. 正弦波を知ろう

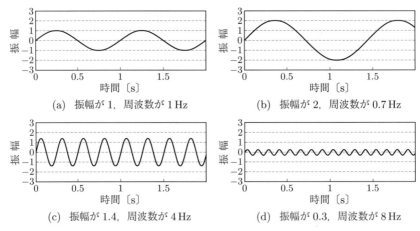

図 **6.7**　振幅や周波数が異なるさまざまな正弦波

うに正弦波が時間の関数として（横軸を時間として）表されるとき，それぞれの正弦波には必ず一つの周波数があります．

6.3　角度と位相

前節では，一つの正弦波には必ず振幅と周波数が一つずつ備わっていることを述べました．では，振幅と周波数さえわかれば正弦波を特定できるのでしょうか．残念ながら振幅と周波数だけで正弦波を特定することはできません．もう一つ，**位相**という要素が必要なのです．正弦波を自由に操るには，位相の理解が不可欠です．しかし，位相を理解するのは容易ではありません．本書でも専門的な内容に踏み込むことはしません．ただ，位相という概念に少しでも慣れていただくために，基礎的な事項について解説します．

6.3.1　度数法と弧度法

位相を扱うには，角度の表し方を知る必要があります．位相を扱うのになぜ角度なのかというと，6.2 節で見たように，正弦波は円運動と密接に関わっているためです．角度の表し方には度数法と**弧度法**という二つの方法があります．

6.3 角度と位相

全円を 360°，直角を 90° とする度数を用いるのが度数法です。

この度数法で十分に角度を表すことができるのですが，科学や工学の世界では度数法よりも弧度法が好んで利用されています。弧度法を理解するには，まず**円周率**とはなにか？を知っておくことが肝要です。「円周率って 3.14… のことでしょ」って，確かに円周率は 3.1415… なのですが，これがなにを表しているのかを知ることが大切です。

円周率はなにを表しているのでしょうか？ 答えからいうと，円の直径に対する周長（円周の長さ）の比率が円周率です。

円の周長を C，直径を d とすると，円周率 π（パイ）は

$$\pi = \frac{C}{d} \tag{6.1}$$

となります。この比率は円の大きさに関係なく一定です。

$$\text{円の周長} = \text{直径} \times \text{円周率} \tag{6.2}$$

というのは皆さんも習ったはずですね。これを上記の C, d, π で表すと

$$C = d \times \pi \tag{6.3}$$

となりますから

$$\pi = \frac{C}{d} \tag{6.4}$$

になることは明白です。ここで，d（直径）が 1 なら

$$\pi = C \tag{6.5}$$

となります。つまり，直径を 1 とするとき，円の周長そのものが円周率ということになります。

しかし，数学において円の直径を 1 として扱うことは少なく，円の半径を 1 とするほうが一般的です。直交座標系の原点を中心とする半径 1 の円を**単位円**と呼びます。

そこで，単位円を使って考えてみましょう。円の半径を 1 として式 (6.1) を書き直すと，d が 2 になるので

$$\pi = \frac{C}{2} \tag{6.6}$$

であり

$$2\pi = C \tag{6.7}$$

つまり，円周率とは半径が 1 である半円の周長だということになります（図 **6.8**）。

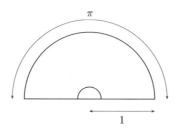

図 6.8 円周率
円周率 (π) とは，半径が 1
である半円の周長である。

円周率の正体がわかったところで，ようやく弧度法ですが，弧度法というのは，半径を 1 とする扇形における中心角の大きさを，その扇形の円周部の長さ，すなわち周長で表す方法です。詳しく見ていきましょう。

図 6.9 にさまざまな扇形を示します。弧度法では，角度の単位として**ラジアン**を用います。記号は rad です。図 (a) は半円です。半円の中心角は，度数法なら 180° です。半径は 1 なので，円周部の長さは図 6.8 に示したとおり π です。この場合，弧度法で中心角は π rad と表します。図 (b) は円を 4 分割してできた扇形で，中心角は直角です。円周部の長さは $\pi/2$ なので，弧度法で直角が $\pi/2$ rad だということがわかります。

逆に，図 (c) に示すように，弧度法で 1 rad の角度は，度数法で表すと $180°/\pi$，すなわち約 57.3° です。このとき，扇形の円周部の長さは半径と同じです。

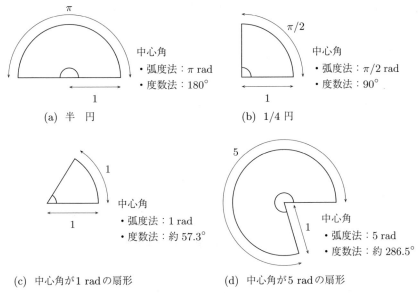

図 6.9 度数法と弧度法
さまざまな扇形の中心角を度数法と弧度法で表したもの。

扇形において，円周部の長さは中心角に比例します。このため，円周部の長さで中心角の大きさを表現するという弧度法は，とても合理的な方法なのです。

6.3.2 宇宙的視野で科学する

あらゆる角度は度数法でも表すことが可能です。しかし，「全円を 360° とする」というのは，人が勝手に決めた約束事です†。360 という数値に必然性はありません。異星人から見れば，どうして 360 なのか，まるでわからないかもしれません。

もしも，あなたが全銀河系科学者会議に参加して（もちろん架空の話です），地球の科学者を代表して講義をするなら，度数法を使って角度を表していたのでは，地球以外の惑星の科学者から失笑を買うことでしょう。これに対し，弧

---

† 全円を 360° とするのは，地球の公転周期が 365 日であることと関係しているといわれています。

度法を使っていれば，異星の科学者にも理解してもらえるはずです．なぜなら，円の直径に対する周長の比率は，地球人が勝手に決めた約束事ではなく，時間や場所に関係なく普遍的に通用する自然の法則だからです．

科学や工学で弧度法が好まれるのは，微分，積分といった複雑な問題を扱うときに度数法よりも計算が単純になるという，より実用的な理由によるところが大きいのですが，いずれにしても，皆さんが音を科学として捉えようとするなら，弧度法を使いこなすことが不可欠になるでしょう．

科学では，特定の地域や文化に限定されない普遍的な原理や法則により，できるだけ簡潔に説明できるものが好まれるのです．

6.4 正弦波の位相

話を正弦波に戻しましょう．余弦波も含めた広い意味での正弦波を特定するには，周波数，振幅，そして位相が必要です．ここで正弦波の位相とはなんでしょうか？ 図 6.2 の点 P を思い出してください．点 P は円運動していますので，原点と点 P を結ぶ線分と y 軸のなす角度は，時間とともに変動しています．この角度が正弦波の位相であり，この線分と x 軸がなす角度が余弦波の位相なのです．

時刻 0 秒の時点（図 6.2 の状態）で，原点と点 P を結ぶ線分が x 軸となす角度は 0 rad です．したがって，本書では余弦波の初期位相を 0 rad とします．$T/3$ 秒後，点 P は図 **6.10** に示す位置にあり，原点と点 P を結ぶ線分が x 軸となす角度は $2\pi/3$ rad です．このように線分と x 軸がなす角度は，時間とともに $0 \sim 2\pi$ rad の範囲で変化します．

この角度が図 6.4 に示した余弦波の位相に相当します．この余弦波の位相は，周期 T 秒をかけて，0 から 2π まで変化しているのです．一方，線分と y 軸のなす角度は，時刻 0 秒の時点（図 6.2 の状態）で $-\pi/2$（度数法では $-90°$）ですので，本書では，正弦波の初期位相を $-\pi/2$ とします．正弦波の位相も，

6.4 正弦波の位相

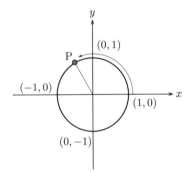

図 6.10 時刻 $T/3$ 秒の点 P

やはり時間とともに変化します。

なお，本書では余弦波の初期位相を 0 rad としますが，正弦波の初期位相を 0 rad としているケースも多く見られます．正弦波の初期位相を 0 rad とすれば，余弦波の初期位相は $\pi/2$ になります．

さて，余弦波も含めた広い意味での正弦波を特定しようとする場合，周波数，振幅とともに位相を決める必要があるわけですが，上記のとおり正弦波の位相は時間とともに変化しています．そこで，基準となる時刻（通常は時刻 0 時点）の位相をもって，その正弦波の位相とします．

ここからは，sine, cosine など，**三角関数**が使われます．三角関数については，6.6 節でわかりやすく解説していますので，忘れてしまった人は，先に 6.6 節を読んでください．

周波数が f〔Hz〕，振幅を A，位相を ϕ〔rad〕とするとき，コサイン関数を使って

$$A \times \cos(2 \times \pi \times f \times t + \phi) \tag{6.8}$$

という式で表せる信号が，広い意味での正弦波です．ϕ は，「ファイ」と読みます．ここで t は時間（単位は秒）です．このうち，位相を $-\pi/2$ rad とするもの，つまり

$$A \times \cos\left(2 \times \pi \times f \times t - \frac{\pi}{2}\right) \tag{6.9}$$

が狭い意味での正弦波ということになるのですが、いちいち「広い意味」や「狭い意味」というのは面倒ですので、ここでは、位相が $-\pi/2$ rad 以外のものも含めた広い意味の正弦波を**サイン波**と呼び、位相が $-\pi/2$ rad のものだけを「正弦波」と呼ぶことにします。

式 (6.9) の正弦波は、サイン関数を使って

$$A \times \sin(2 \times \pi \times f \times t) \tag{6.10}$$

と表すこともできます。

図 6.7 に示した波形の初期位相は、どれも $-\pi/2$ rad ですので、これらは正弦波です。図 6.4 に示した余弦波は、位相が 0 rad のサイン波である、といえるわけです。

また、サイン波の位相は $0 \sim 2\pi$ rad の範囲で変化すると述べましたが、実際には、対称性を重視して、$-\pi \sim \pi$ rad の範囲で表すのが一般的です。度数法において $180° \sim 360°$ を $-180° \sim 0°$ に置き換えることができるのと同様に、弧度法の $\pi \sim 2\pi$ rad は $-\pi \sim 0$ rad に置き換えられるのです。

図 6.11 (a) は、余弦波 1 周期分の波形です。この余弦波の位相が 1 周期の間にどのように変化するかを描いたのが図 (b) のグラフです。

1 周期の前半、位相は 0 rad から π rad まで増加しています。位相は、2π rad、つまり $360°$ で 1 回転する対称性を持っていますので、π rad は $-\pi$ rad と同じです。このため、1 周期の後半では、位相は $-\pi$ rad から 0 rad へ増加するように描かれています。

正弦波 1 周期分の波形とそれに対応する位相の変化を示したのが**図 6.12** です。余弦波（図 6.11）と位相が $-\pi/2$ rad、すなわち $-90°$ だけずれていることがわかります。

6.4 正弦波の位相

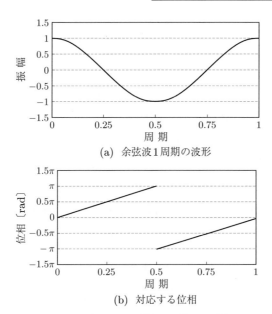

(a) 余弦波1周期の波形

(b) 対応する位相

図 6.11 余弦波1周期の波形とその位相

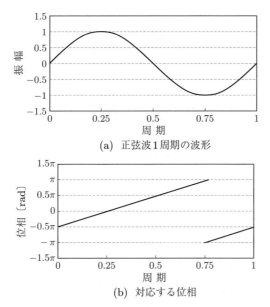

(a) 正弦波1周期の波形

(b) 対応する位相

図 6.12 正弦波1周期の波形とその位相

6.5 サイン波の合成

ここからは,サイン波と正弦波,余弦波の関係について述べます。それは同時にサイン波の構造,振幅と位相の関係について述べることにもなります。入門者にとっては少し難しいかもしれませんが,サイン波の構造,振幅と位相の関係を理解することは,将来,音響学をマスターする上できっと役に立ちます。

繰り返し述べているとおり,周波数と振幅,そして位相,この三つが定まればサイン波は完全に特定されます。例えば,周波数が 60 Hz,振幅が 2.4,位相が $-\pi/4$ rad のサイン波といわれれば,数式では

$$2.4 \times \cos\left(2 \times \pi \times 60 \times t - \frac{\pi}{4}\right) \tag{6.11}$$

と記述でき,図 **6.13** に示す波形が描けるのです。

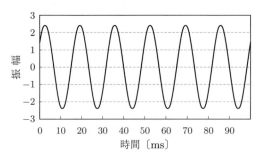

図 **6.13** 周波数 60 Hz,振幅 2.4,(初期)位相 $-\pi/4$ rad のサイン波

式 (6.8) で表せる信号をサイン波とするわけですから,サイン波には,さまざまな周波数,さまざまな振幅,そしてさまざまな位相を持つものが含まれます。そして,このさまざまなサイン波は,当該サイン波と同じ周波数を持つ正弦波成分と余弦波成分に分解できます。言い換えると,同じ周波数の正弦波成分と余弦波成分を足し合わせることによって任意の振幅,任意の位相を持つサイン波を合成することができるということです。このとき,合成されるサイン

波の周波数はもとの正弦波成分,余弦波成分の周波数と同じですが,振幅と位相は,正弦波成分と余弦波成分,それぞれの振幅によって違ってきます。このことを理解していただくため,図 6.14 に例を二つ示します。図 (a) の例も図 (b) の例も,上段の余弦波成分から中段の正弦波成分を減算した結果が,下段のサイン波です。下段のサイン波は,図 (a) と図 (b) で,振幅だけでなく位相も異なっている点に注目してください。

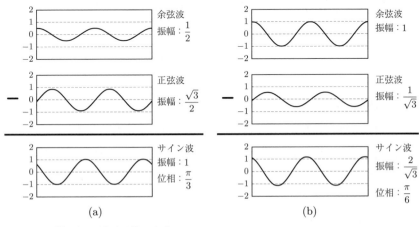

図 **6.14** サイン波の合成
上段の余弦波から中段の正弦波を減算したものが,下段のサイン波。さまざまな比率で正弦波と余弦波を足し合わせることにより,さまざまな振幅と位相のサイン波が合成できる。

正弦波の位相は $-\pi/2$ rad,余弦波の位相は 0 rad と決まっています。にもかかわらず,それらを足し合わせたサイン波の位相は,正弦波,余弦波それぞれの振幅によって違ってくるのです。

ここで余弦波成分と正弦波成分の振幅をそれぞれ α, β とすると,合成されるサイン波の振幅は

$$\sqrt{\alpha^2 + \beta^2} \tag{6.12}$$

であり,位相は

$$\arctan \frac{\beta}{\alpha} \tag{6.13}$$

となります。arctan は「アークタンジェント」といい，タンジェントの逆関数を表します（6.6節参照）。図6.14(a)の例なら，余弦波成分の振幅が $1/2$，正弦波成分の振幅が $\sqrt{3}/2$ ですので，合成されるサイン波は

$$振幅：\sqrt{\left(\frac{1}{2}\right)^2 + \left(\frac{\sqrt{3}}{2}\right)^2} = \sqrt{\frac{1}{4} + \frac{3}{4}} = 1$$

$$位相：\arctan\left(\frac{\sqrt{3}}{2} \div \frac{1}{2}\right) = \frac{\pi}{3} \text{ rad}$$

となります。

　式(6.12)から，合成されるサイン波の振幅は，正弦波成分の振幅と余弦波成分の振幅の2乗和の平方根になることがわかります。また，合成されるサイン波の位相はというと，式(6.13)からわかるように，正弦波成分の振幅と余弦波成分の振幅の比率で決まります。

　サイン波の位相は，そのサイン波に正弦波成分と余弦波成分がどのような比率で含まれているかによって決まるわけです。将来，本格的に音響学を勉強する人は，このことをぜひ覚えておいてほしいと思います。音響学を習得するには，**周波数分析**を学ぶことが不可欠になるはずです。それには複素スペクトルを理解しなくてはなりません。そして，複素スペクトルにおいて実部，虚部と呼ばれるものが，この節で述べた余弦波成分と正弦波成分のことなのです。

　音響学の専門書の多くは，読者が高度な数学の知識を身につけているという前提で，なんの断りもなく**虚数単位**[†1]や**ネイピア数**[†2]を使用するので，慣れていない人は面食らうことになります（虚数単位やネイピア数については，文献1),2)を参照）。そんなとき，あらゆるサイン波は同じ周波数の正弦波成分（虚部）と余弦波成分（実部）に分解できること，サイン波の位相は正弦波成分（虚部）と余弦波成分（実部）の配合比率で決まり，振幅は正弦波成分（虚部）と余弦波成

[†1] 2乗すると -1 になる数。つまり -1 の平方根。記号として i や j が使われます。
[†2] 自然対数の底として用いられる定数。

分（実部）の振幅の 2 乗和の平方根であることを知っていると，きっと複素スペクトルを理解する助けになると思います．

6.6　サンカクカンスウ

本書の対象読者は，これから音響学に足を踏み入れる初学者ですので，なるべく高度な数式を使わないように心がけています．それでも，本章には式 (6.8) や式 (6.13) などで，三角関数が使われています．音響学と三角関数は切っても切れないものなのです．

三角関数と聞いただけで拒絶反応を示す人も少なくありませんが，音響学への第一歩を踏み出す前に，三角関数に対する苦手意識を少しだけ取り除いておきましょう．

三角関数で最も基本となるサイン (sin), コサイン (cos), タンジェント (tan) を図 **6.15** に図示します．直交座標系で座標 (x, y) に点 P があります．原点 $(0, 0)$ から点 P へ伸ばした線分が x 軸となす角度を $\overset{シータ}{\theta}$ とし，原点から点 P までの距離を r としたとき

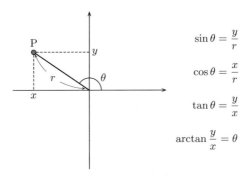

図 **6.15**　三 角 関 数

$$\left.\begin{array}{l}\sin\theta = \dfrac{y}{r} \\ \cos\theta = \dfrac{x}{r} \\ \tan\theta = \dfrac{y}{x}\end{array}\right\} \quad (6.14)$$

です．これをなんの苦もなく理解できる人には，この節は必要ありません．式 (6.14) で，すでに頭の中が混乱している，あるいは，思考が停止しているという人は，図 6.16 を見てください．図 6.15 に比べ，図中の式がすっきりしていますね．ここでは，すでに先ほど登場した単位円を用いて三角関数を表しているのです．

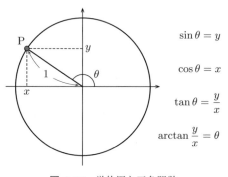

図 **6.16** 単位円と三角関数

単位円というのは，原点を中心とする半径 1 の円です．そして，点 P は単位円上にあります．単位円の半径 r は 1 ですので，サイン，コサインは

$\sin\theta = y$

$\cos\theta = x$

です．つまり，サイン関数とは，角度 θ から単位円上の y 座標値を求める関数であり，コサイン関数は，角度 θ から単位円上の x 座標値を求める関数なのです．直交座標系と単位円がわかっていれば，三角関数も恐れる必要などありません．三角関数について興味のある方は，例えば文献3) などをご覧ください．

図 1.12 に示したように，スマートフォンの計算機アプリにも，sin, cos, tan のボタンがあるので，角度 θ さえわかっていれば点 P の座標を簡単に求めることができます。

　逆に，x 座標値と y 座標値がわかっていれば，タンジェントの逆関数であるアークタンジェント（arctan）関数を使って角度 θ を求めることができるのです。これはとても便利です！

引用・参考文献

1） 鷹尾洋保, "複素数のはなし," 日科技連, 2006
2） 堀場芳数, "対数 e の不思議——無理数 e の発見からプログラミングまで," 講談社, 2003
3） 佐藤敏明, "図解雑学 三角関数," ナツメ社, 2009

Chapter

7

音を分類する

　音を分類するというと，例えば，好きな音と嫌いな音とか，自然音と人工的な音とかが思い浮かぶかもしれません。しかし，この章で扱うのはそういう分類ではありません。ここでは，音響について学ぶ上で，ぜひ理解しておきたい代表的な音のいくつかを取り上げ，それらの特徴を詳しく見ていきます。

7.1 波形による分類

　世の中に存在する，あるいは存在しうる音は，すべて**純音**か純音以外です。これは当たり前ですね。純音でなければ純音以外ですから。そして，純音以外の音はすべて**複合音**です。したがって，世の中に存在しうる音は，すべて純音か複合音なのです。

　さらに，本書ですでに述べてきたように，自然界に厳密な意味での純音はまず存在しません。ですから，私たちが聞く音は，ほとんどすべて複合音だといって間違いありません。

　人工的に純音を生み出すことはできますが，私たちの身の周りには，静かにしていてもつねになんらかの音（環境騒音）が存在し，私たちはいつもこれを聞いています。また，私たちの耳は，生体内で生じる音（生体雑音）も捉えてしまいます。ですから，完全無欠の純音だけを聞くことはほとんど不可能なのです。

　しかし，音を学問として考えるとき，純音は，最も基本となるものであり，これを避けては通れません。そこで，まず，純音から見ていきましょう。

7.1.1　純　　　音

　6章の最初に述べたとおり，純音は，横軸を時間，縦軸を**音圧**（あるいは**振幅**）として描いたとき，その**波形**が**サイン波**になる音です。

　一つのサイン波には，必ず一つの**周波数**があります（6.2.3項参照）。ですから，一つの純音には必ず一つの周波数があるわけです。そしてこれは，一つの純音には周波数は一つしかない，ということでもあります。

　つまり，純音とは，一つの周波数成分しか持たない，混じり気のない音なのです。英語では，**pure tone** といいます。

　図 **7.1** (a) に純音の波形を示します。波形から，**周期**が 0.8 ms のサイン波だということがわかります。

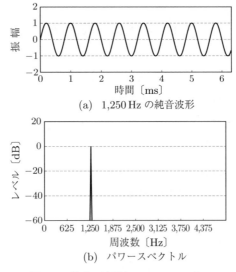

図 7.1 純音の波形とパワースペクトル

$$0.8\,\mathrm{ms} = 0.0008\,\mathrm{s} \tag{7.1}$$

$$1 \div 0.0008 = 1{,}250\,[\mathrm{Hz}] \tag{7.2}$$

ですから，このサイン波の周波数は，1,250 Hz ということになります。図 (b) がこの純音の**パワースペクトル**です。この純音が 1,250 Hz の周波数成分しか持たないことがパワースペクトルから確認できます。

図 7.2 に純音の波形（左）とパワースペクトル（右）の例を示します。上段に示す純音も下段に示す純音も，波形はサイン波ですが，その周波数と振幅は異なっています。パワースペクトルから，それぞれの周波数が 64 Hz と 256 Hz なのが読み取れます。そしてどちらも単一の周波数成分しか持たない純音だということは明らかです。

波形から上段のサイン波の振幅は 1，下段のサイン波の振幅はそれよりも小さいことがわかります。右側のパワースペクトルは，上段に示す純音のレベルを 0 dB としています。下段の純音のレベルは −12 dB です。これは，下段のサイン波の振幅が上段の 1/4 であることを意味しています。

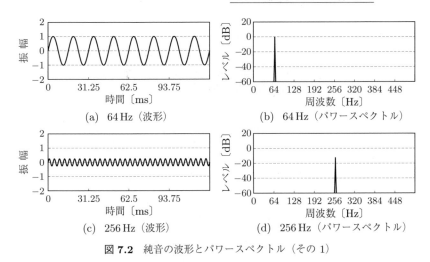

図 7.2 純音の波形とパワースペクトル（その 1）

このように，周波数や振幅が異なっていても波形がサイン波であること，そして，パワースペクトルが単一の周波数成分しか持たないことが，純音の特徴なのです。

7.1.2 複　合　音

すでに述べたように，純音以外の音はすべて複合音です。ということは，二つ以上の周波数成分を持ち，波形がサイン波ではない，というのが複合音の特徴だといえます。周波数成分が二つしかなくても，はたまた 10,000 個以上あっても複合音なのです。

例えば，図 7.3 に示す例は，64 Hz と 256 Hz の周波数成分を持つ複合音です。図 7.2 に示した二つの純音を足し合わせたものです。同じ波形が一定の周期で繰り返される周期信号ですが，その波形は明らかにサイン波ではありません。そういえば，図 1.8 の一番右の波形も，二つの純音から合成された複合音でしたね。

図 7.4 も，同じように 64 Hz と 256 Hz の周波数成分を持つ複合音です。これは，図 7.5 に示す二つの純音を足し合わせたものです。まったく同じ周波数成分でできているので，パワースペクトルは図 7.3 と同じです。ところが，図

142   7. 音を分類する

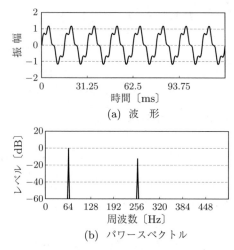

図 **7.3** 複合音の例（その 1）
64 Hz と 256 Hz の周波数成分を持つ複合音。

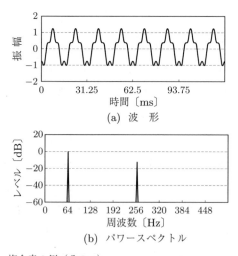

図 **7.4** 複合音の例（その 2）
64 Hz と 256 Hz の周波数成分を持つ複合音。図 7.3 の例とパワースペクトルは共通だが，波形が異なる。

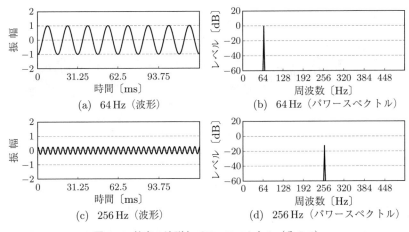

図 7.5 純音の波形とパワースペクトル（その 2）

7.3 の波形と図 7.4 の波形はまったく異なっていますね．なぜでしょうか．

図 7.2 の波形と図 7.5 の波形をよく見てみましょう．同じようなサイン波に見えますが，初期**位相**が異なっています．

図 7.2 では，64 Hz の信号も 256 Hz の信号もともに時刻 0 ms での位相が $-\pi/2$ rad になっていますが，図 7.5 のほうは，64 Hz の純音は π rad から，256 Hz の純音は 0 rad から始まっています．

このように，パワースペクトルが完全に共通でも，位相の組合せが違うと，複合音の波形は異なるのです．

以下，複合音の中でも音響学上，特に重要な「調波複合音」「インパルス」「白色雑音」について見てみましょう．

（1）調波複合音　私たちが耳にする複合音のパワースペクトルには，通常，一つ以上の山や谷が観察できます．多数の山，谷が見られる場合もあります．そのようなケースのうち，パワースペクトル上の山と谷が一定の周波数間隔に並んでいるものは，特に**調波複合音**と呼ばれます．

図 **7.6** は，楽器演奏音のパワースペクトルの例です．図 (a) は周波数軸をリニアスケールとして描いたものです．図 (b) は同じパワースペクトルを，周波数軸を**対数**で表示したものです．スペクトル上に山と谷が交互に並んでいます．

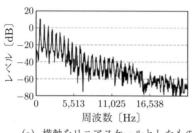 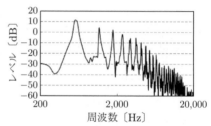

(a) 横軸をリニアスケールとしたもの　　(b) 横軸を対数スケールとしたもの

図 **7.6** 調波複合音のパワースペクトルの例

このようなスペクトル構造は，**調波構造**と呼ばれます。

このパワースペクトルにおける最初の山は，およそ 570 Hz にあり，それを 2 倍，3 倍，4 倍 … と整数倍していった周波数にも，それぞれ山があります。この場合，570 Hz をこの調波複合音の**基本周波数**といいます。

調波複合音において，基本周波数にあるスペクトル成分を基本波と呼び，その整数倍の周波数にあるスペクトル成分を**高調波**または倍音成分と呼びます。

調波構造を持つ音は，人間が耳で聞くと，基本周波数付近に明確な**ピッチ**が知覚されやすく，メロディを奏でる楽器音や，音声のうち**有声音**などは調波複合音です。

図 **7.7** (a) に示しているのは，一定の周期で三角の波形が繰り返される信号です。このような波形を**三角波**といいます。この三角波のパワースペクトルを図 (b) に示しています。基本周波数は 440 Hz ですが，その倍の 880 Hz に山は

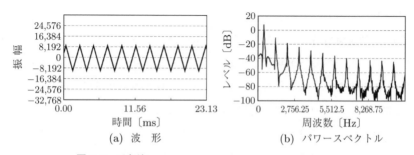

(a) 波　形　　(b) パワースペクトル

図 **7.7** 三角波
440 Hz の基本波とその奇数次高調波から構成されている。

なく，およそ 1,320 Hz に二つ目の山があります．つまり，3 番目の高調波はあるけれど，2 番目の高調波がないわけです．その先も同じように 4 番目はなくて 5 番目がある，というように，三角波のパワースペクトルは奇数次の高調波だけで構成されているのです．このようなケースも調波複合音であり，音を聞くと基本周波数に相当するピッチが知覚されます．

調波複合音において，通常は，一番低い周波数の山が基本波であり，その周波数が基本周波数なのですが，基本波を持たない調波複合音もあります．基本波がなくても基本周波数に相当するピッチを知覚することが可能です．

電話回線を通した音声はその一例です．電話回線を通過する**周波数帯域**は，300 Hz 付近から 3,400 Hz 付近までです．一方，人の音声の基本周波数は，成人男性なら 100 Hz から 150 Hz くらいで，100 Hz を下回ることもあります．したがって，電話を通して聞く音声では，基本波が失われている場合もあるわけです．それでも，私たちの脳は，相手がなにを喋っているのか，男性なのか女性なのかなど，直接会って話すのと同じように理解しているのです．

基本波を持たない調波複合音の，基本周波数は **missing fundamental** と呼ばれ，知覚されるピッチのことを **residue pitch** などといいます．

(2) インパルス　二つ以上のサイン波で合成された音はすべて複合音ですので，その波形やパワースペクトルは無限に考えられますが，楽器の演奏音や音声など，私たちが聞く音の多くは，パワースペクトルに一つ以上の山や谷があるものです．

しかし，もしもすべての周波数成分が均一に含まれている信号があれば，そのパワースペクトルは，山も谷もない平坦な特性になるはずです．そんな特殊な信号の一つが**インパルス** (impulse) です．

図 **7.8** (a) の波形を見てください．時刻 0.5 秒付近にピーク値 1 がありますが，それ以外の時刻は値がほとんど 0 なのがわかります．このようにごく短い時間にエネルギーが集中していて，それ以外は無音区間という信号をインパルスといいます．

図 7.8 (b) に示す，このインパルスのパワースペクトルは，山も谷もない平

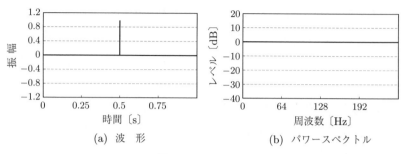

図 7.8 インパルス

坦な特性になっています。これは，すべての周波数成分のレベルが同じだということを示しています。つまり，インパルスは，さまざまな周波数のサイン波を均一に含んでいるわけです。だとすると，さまざまな周波数のサイン波を足し合わせていけば，インパルスを合成することもできるはずです。しかし，波形が連続的で曲線的なサイン波からインパルスのような突発的ともいえる信号を本当に合成できるのでしょうか？ それについては，8章で解説します。

(3) 白色雑音　さまざまな周波数成分を均等に含む信号は，インパルスだけではありません。

図 7.9 (a) の波形は，時間とともに振幅値がほぼ不規則に変化する信号です。図 (b) のパワースペクトルを見ると，インパルスのパワースペクトルと同じように，ほとんど平坦な特性だということがわかります。このような信号は**白色**

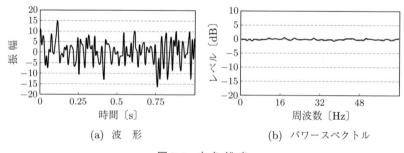

図 7.9 白色雑音

雑音と呼ばれます。あらゆる**波長**の光が混じり合った光を白色光といいますが、白色雑音にもあらゆる波長のサイン波が含まれているわけです。白色雑音は、英語でも **white noise** です。

きわめて短い時間にエネルギーが集中しているインパルスと、値が時間とともに不規則に変化する白色雑音——波形も全然似ていない上に、音として聞いてもはっきりと聞き分けられるくらいに違います。それなのにパワースペクトルはそっくりだなんて不思議ですよね。これについても、8 章で詳しく述べます。

コーヒーブレイク

インパルス応答

スピーカーは電気信号を音波、すなわち音響信号に変換するシステムです。このスピーカーにインパルス（電気信号）を入力するとどうなるでしょうか。スピーカーが理想的な**周波数特性**を持つ究極のシステムであるなら、インパルス（音響信号）が出力されるはずです。

しかし、実際のスピーカーには、それぞれ鳴らしやすい周波数、鳴らしにくい周波数があるため、その周波数特性には凸凹ができます。その結果、インパルスを入力しても、出力される信号は完全なインパルスにはなりません（下図参照）。

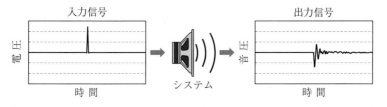

一般に、システムにインパルスを入力したとき、システムから出力される信号をインパルス応答といいます。インパルス応答は、スピーカーだけでなく、さまざまな音響機器において、その性能を測る指標として利用されますが、空間のインパルス応答を計測すれば、その空間における音の響き具合（残響特性）を知ることもできます。

7.2 波面による分類

音は，その波形やスペクトルの構造に着目することにより，純音と複合音に分けられるということを理解していただけたでしょうか？ また，調波複合音，インパルス，白色雑音のパワースペクトルの特徴についてもイメージできたのではないでしょうか？

ここからは，波形やスペクトルとは別の観点で音を分類してみましょう。ここで着目するのは，音波はどのように伝搬するかという点です。

7.2.1 音響エネルギー

ここで，**音響エネルギー**について，一言説明しておきます。普段私たちが聞いている音は空気の振動です。空気には質量（この場合は重さと考えてかまいません）があり，質量のあるものを振動させるにはエネルギーが必要ですので，音が伝搬しているということは，エネルギーも伝わっていると解釈できます。このエネルギーが音響エネルギーであり，単位時間に単位面積†を通過する音響エネルギーを，音の強さあるいは**サウンドインテンシティ**といいます。そして，音響エネルギーおよび音の強さは，音圧の 2 乗に比例します[1]。

7.2.2 球　面　波

この項では球面波について述べますが，その前に点音源と波面の説明をしておきます。

（**1**）　**点音源と波面**　　音を発している物体のことを音源といいます。普段私たちが聞いている音は，音源で発生し，空間内を 3 次元的に伝搬しています。これは至極当たり前のことですが，波形やパワースペクトルばかり見ていると，

---

† 「単位〇〇」という表現における「単位」とは量を数で表すための基準なので，「単位時間」はそのときの時間の単位が s であれば 1s を指し，「単位面積」はそのときの面積の範囲が m^2 であれば $1m^2$ を指します。

時として，こんな当たり前のことを見失ってしまうこともあります。

それはさておき，いま，空間内に，大きさを無視できるくらいに小さな音源があり，この音源から，あらゆる方向に向けて同じように音が伝搬しているとします。音響学では，このような仮想の音源を想定することが多く，これを**点音源**と呼びます。

この点音源から生じている音波の音圧分布を濃淡図で描いたのが，**図 7.10** です。×印が音源位置であり，この音源位置を中心とする縦横それぞれ 200 cm の面を見ていることになります。色の濃い部分は音圧が高く，薄い部分は音圧が低いことを表しています。発生している音は純音であり，図中 $\overset{\text{ラムダ}}{\lambda}$ で表されている波長が 34 cm です。**音速**を 340 m/s とすると，この純音の周波数は 1,000 Hz ということになります。

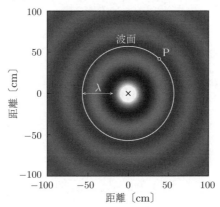

図 7.10 球面波の音圧分布
　　×で表された点音源で発生して伝搬している 1,000 Hz 純音の音圧分布を，音圧が高い部分を濃く，低い部分を薄く描いたもの。

この音は純音，つまりサイン波ですので，図 6.12 に示した位相を伴って伝搬しています。したがって，この空間内のある点 P に着目すると，ある瞬間の P における音波の位相は，$-\pi \sim \pi$ rad の特定の値になっているはずです。そして，P から，音波の位相が等しい点をたどっていくと，図中に白線で描かれた円が得られます。図では円ですが，実際の空間においては球面です。この球面を音波の**波面**といいます。

(2) 球 面 波　　さて，点音源から伝搬していく音波は，波面が球面なので，**球面波**と呼ばれます。

球面波は，文字どおり球面状に広がっていきます。広がるに従い，波面はどんどん大きくなります。図 **7.11** は，点音源から発生した音波の波面が t 秒後に達する波面 1 と，そこからさらに t 秒後に達する波面 2 を表しています。波面 2 の半径は，波面 1 の半径の 2 倍になります。

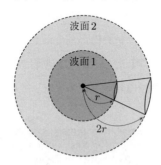

図 7.11　球面波の波面
　　波面 1 と波面 2 は，点音源から発した音が t 秒後および $2t$ 秒後に達する波面を表す。音速を c とすると，図中の r は $c \times t$ である。

球の表面積 S は，球の半径を r として

$$S = 4\pi r^2 \tag{7.3}$$

ですから，半径 r が 2 倍になるということは，表面積は 4 倍になるということです。

時刻 t に波面 1 を通過した音波のエネルギーは，その t 秒後に波面 2 を通過します。その際，波面の面積が 4 倍になっていますから，単位面積を通過する音響エネルギーは，1/4 になります。このとき，観測される音圧は 1/2 になっています。つまり，球面波の場合，観測される音圧は音源からの距離に反比例し，観測される音の強さは，音源からの距離の 2 乗に反比例するのです。図 7.10 でも，音源の近くでは濃淡がはっきりしていますが，遠ざかるにつれてコントラストが下がっています。

音があらゆる方向に広がっていくことによって単位面積当りの音響エネルギーが小さくなることを**拡散減衰**といいます．現実には，拡散減衰に加えて，空中で音響エネルギーが熱エネルギーに変換される**吸収減衰**というものもあります．拡散減衰と吸収減衰により，音は伝搬しながら減衰していくのです．

7.2.3 平　面　波

波面が球面状に伝搬していくのが球面波でした．これに対し，波面が平面状に伝搬していく波は**平面波**と呼ばれます．

図 7.12 は，左から平面波として伝搬してきた 1,000 Hz 純音の最初の波面が，横軸上で 0 cm の地点に到達した瞬間の音圧分布です．この図では，波面は上下方向に伸びる直線になりますが，実際の 3 次元空間では，平面だということを忘れないでください．

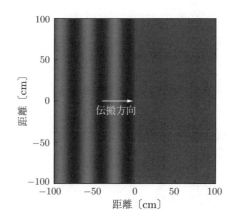

図 7.12 平面波の音圧分布
左から右へ伝搬している 1,000 Hz 純音の音圧分布を，
音圧が高い部分を濃く，低い部分を薄く描いたもの．

理想的な平面波ならば，波面は球面波のように広がっていかないので，拡散減衰は起こりません．ただし，吸収減衰がありますので，平面波であっても，無限に伝搬していくことはありません．

ここまでの説明で、球面波と平面波は違うものだと思われたかもしれませんが、じつは、点音源から生まれた音であっても、十分に離れた場所で観測すると、観測者にとって、その波面はもはや平面と区別できなくなります。図7.12の音波も、じつは非常に遠くにある音源で発生したものであり、波面の半径がとんでもなく長い球面波なのかもしれません。

音響学では、音を球面波や平面波と見なして計算したり、シミュレーションを行ったりします。ですが、現実の音に関して、完全な球面波とか、完全な平面波といったものは、まず存在しません。

理想的な点音源といったものも実現は困難です。かりに実現できたとしても、私たちの生活空間では、場所によって温度、湿度、**気圧**などが微妙に異なり、この違いが音速にも微妙に影響を及ぼします。さらに、風が吹いていても音速は変化します。ですから、音波が完全な平面を維持しながら伝搬したり、あらゆる方向へまったく均等に伝搬していくというわけにはいかないのです。

7.2.4 定 在 波

音波はどのように伝搬するか？という観点で音を分類するなら、球面波、平面波に加えて、もう一つ特徴的な音波があります。それは、**定在波**です。

どのようにして定在波が発生するのかは、1.4.1項で述べたとおりです。**図7.13**は、定在波が生じている空間の圧力分布を波形として表したものです。横

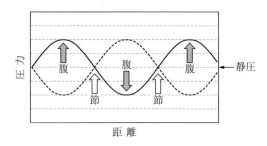

図 **7.13** 定在波の腹と節
定在波が生じている空間の圧力分布を表した波形。横軸は時間ではなく空間的な長さを表している。圧力変化が最大になるところが腹、最小になるところが節である。

7.2 波面による分類

軸が時間ではなく，空間的な長さを表している点に注意してください．この図に示すように，定在波において，圧力変化が最大になる部分を波の腹，最小になる部分を波の節といいます．

定在波が生じていると，気圧の変化は観察されますが[†]，球面波や平面波と違って波面が移動しません．音速が 0 になったように見えるのです．

定在波が発生すると，波の腹の部分では音圧が高くなり，波の節の部分では音圧が低くなるので，観測する場所によって，音が大きく聞こえたり小さく聞こえたりします．

音波の**干渉**自体は周波数に関係なく生じますが，高い周波数では，干渉が起きていても，波の腹から節までの距離が短いので，あまり気になることはありません．

しかし，低い周波数で定在波が起きると，半径数十 cm といった領域がいっせいに腹または節になるので，同じ部屋の中でも音が大きく聞こえるエリアと小さく聞こえるエリアがはっきり区別できるようになります．

7.2.5 音波の指向性

あらゆる方向に均等に広がって拡散していく波が球面波で，これに対し，平面波は一つの方向に進みます．図 7.12 では，左から右へ一方向に伝搬しています．このように，特定の方向にのみ伝搬していく波は，**指向性**があるといいます．

波には波長が短くなるほど指向性が増す性質があるので，音の場合，周波数の高い音ほど指向性があり，特定の方向に進む傾向が強くなります．

先ほど，点音源について，「大きさを無視できるくらいに小さな」と表現しましたが，より正確にいうなら，「対象とする音波の波長に対して，無視できるくらいに小さな音源」ということになります．

皆さんが音楽を聴くときに使うスピーカーは，小型のものでも，振動板の口径が数 cm くらいありますね．人間にとって無視できるとはいいにくいサイズ

[†] 完全な定在波なら，節の部分では気圧の変化も観察されません．

です．でも，このスピーカーから，周波数のとても低い音，例えば 20 Hz くらいの音を鳴らす場合，音波の波長はおよそ 17 m になります．このくらい長い波長を持つ音波にとって，数 cm 程度のスピーカーは，ほとんど点音源といえます．

　前述のように，点音源から出る音波は，球面状にあらゆる方向へと伝搬します．ですから，小型のスピーカーから低周波音を鳴らす場合，スピーカーの後ろ側にも音は伝搬します．指向性がほとんどないわけです．ただし，現実には，周波数が 20 Hz の音を小型スピーカーで鳴らすことは，技術的に至難の業です．

　逆に，スピーカーの大きさに対して音波の波長が十分に短ければ，指向性が生まれます．口径が 30 cm を超えるようなスピーカーから，10 kHz の音を鳴らすとすれば，そのスピーカーの構造にもよりますが，音は，前方には伝搬しても，後方にはあまり伝搬しないはずです．

引用・参考文献

1) 平原達也ほか，"音と人間，" コロナ社，2013

Chapter

8
さらに深く音を理解する

　7.1.2 項で，インパルスには，あらゆる周波数成分が均等に含まれている，と説明しました。また，白色雑音もインパルスと同じようなパワースペクトルを持つ，と述べました。この章では，これらのことについて，少し詳しく見てみましょう。そして，本章の後半では，周波数分析にも挑戦します。
　本章を読み終えたとき，皆さんの目の前には，「音響学」という楽しい世界が待ち受けているはず（？）です。

8.1 さまざまな周波数のサイン波からインパルスを合成する

図 8.1 は，図 (a) が**インパルスの波形**，図 (b) がその**パワースペクトル**を示しています。波形を見ると，サンプル番号 8 だけ**振幅値**が 16 で，他のサンプルはすべて 0 です。パワースペクトルは，この信号が 0 Hz から 15 Hz までの**周波数成分**を均等に含んでいることを表しています。ということは，0 Hz から 15 Hz までの**サイン波**を足し合わせることにより，図に示すようなインパルスを合成できるはずです。連続的で曲線的なサイン波だけを足し合わせて本当にインパルスのような突発的な信号が合成できるのでしょうか？ 確かめてみましょう。

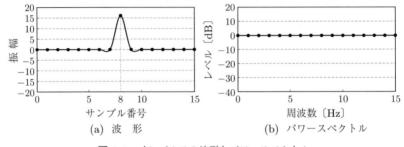

(a) 波　形　　　　　　　　(b) パワースペクトル

図 8.1　インパルスの波形とパワースペクトル

図 8.2 に示すように，1, 2, ⋯ , 15 Hz の 15 個のサイン波があるとします。振幅は等しくどれも 1 です。時刻 0 秒における位相は，どれも 0 rad にそろえてあります。位相が 0 rad ですので，時刻 0 秒におけるサイン波の振幅値はどれも 1 になっています。

この 15 個のサイン波を足し合わせたのが**図 8.3** に示す波形です。時刻 0 秒での振幅値は 15 です。1 を 15 個足したわけですから，これは当然ですね。そして，時刻 0 秒以外では，どのサンプル値も −1 です。ちょうど図 8.1 の波形を，振幅方向に −1 だけずらした状態です。図 8.3 に，すべての時刻で振幅値が 1 となる信号，つまり**図 8.4** に示す信号を加えれば，ずれがなくなり，図 8.1 と同じ波形になります。ここで加えた信号（図 8.4）を**直流成分**といい，これ

8.1 さまざまな周波数のサイン波からインパルスを合成する

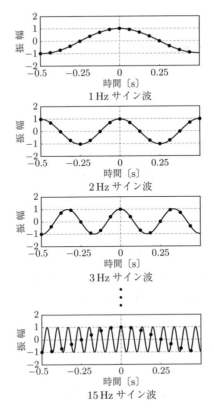

図 8.2 15 個のサイン波
$1, 2, \cdots, 15\,\mathrm{Hz}$ のサイン波。時刻 0 秒での位相はすべて 0 rad。

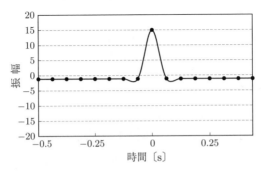

図 8.3 サイン波 15 個の合成波
時刻 0 秒でのサンプル値は 15，それ以外のサンプル値はすべて -1 である。

158   8. さらに深く音を理解する

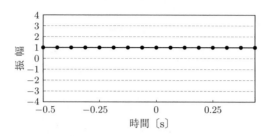

図 **8.4** 直流成分
振幅値が 1 の直流成分波形。周波数が 0 Hz の
サイン波と見なすことができる。

は，振幅がある一定の値（この場合は 1）で周波数が 0 Hz のサイン波と見なせます。周波数が 0 Hz なので，振幅値はまったく変化しない信号です。

さて，図 8.2 に示した 1〜15 Hz のサイン波は，どれも振幅が 1 です。そして，直流成分も振幅 1，周波数 0 Hz のサイン波と見なせるわけですから，図 8.1 のインパルスは，周波数 0〜15 Hz の 16 個の周波数成分をすべて均等に含んでいることになります。このため，図 8.1 (b) に描かれたような平坦なパワースペクトルになるわけです。

なお，ここで示したインパルスには 16 個のサイン波が含まれていますが，7 章の図 7.8 で示したインパルスは，512 個のサイン波から合成されたものです。

8.2　さまざまな周波数のサイン波から白色雑音を合成する

滑らかで連続的なサイン波だけを足し合わせて突発的なインパルスが合成できることがわかったと思います。では，つぎに，波形も音色もインパルスとは全然異なる**白色雑音**のパワースペクトルは，インパルスのパワースペクトルと同じようになるか？を見てみましょう。

図 **8.5** は，図 8.2 と同じように振幅が 1 で周波数が 1, 2, · · · , 15 Hz の 15 個のサイン波です。この 15 個のサイン波に図 8.4 に示した 0 Hz のサイン波を足し合わせた波形を図 **8.6** (a) に，そのパワースペクトルを図 (b) に示します。

8.2 さまざまな周波数のサイン波から白色雑音を合成する

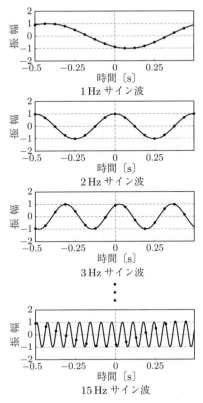

図 **8.5** 位相がばらばらの 15 個のサイン波
$1, 2, \cdots, 15\,\mathrm{Hz}$ のサイン波。位相はそろっていない。

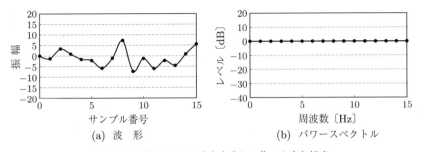

(a) 波　形　　　　　　　　　(b) パワースペクトル

図 **8.6** 16 個のサイン波を合成して作った白色雑音

図 8.1 と同じように，振幅が 1 で周波数が 0〜15 Hz の 16 個のサイン波を足し合わせているわけですから，パワースペクトルは図 8.1 (b) と同じように平坦です。

それにもかかわらず，波形はインパルスとまったく違います。なぜでしょう？すでに気づかれていると思いますが，合成されるサイン波の位相に仕かけがあるのです。

図 8.2 の 15 個のサイン波は，時刻 0 秒での位相が完全にそろっていましたが，図 8.5 のサイン波は位相がばらばらなのです。白色雑音は，あらゆる周波数成分をほぼ均等に含みますが，その位相は不規則なのです。

8.3 あらゆる音は純音から

複数のサイン波からインパルスや白色雑音を合成できることがわかりましたね。合成できるということは，逆にインパルスや白色雑音を複数のサイン波に分解することもできるわけです。

じつは，インパルスや白色雑音に限らず，有限長の波，または**周期**的な波であれば，どんなものでも 1 個以上のサイン波に分解することができます。サイン波というのは，音でいえば**純音**ですから，あらゆる音は，一つ以上の純音からできている，と見なせるわけです。

図 8.7 (a) に示すような音波があるとします。この波形を一定の**サンプリング周期**で離散化すると，図 (b) のサンプル列になります。このサンプル列は，ピーク値が異なるインパルスを時間軸上に並べたものと考えられます。すでに述べたように，インパルスは多数のサイン波に分解できます。図 8.7 (b) の 1 個 1 個のサンプル，つまりインパルスも，それぞれが複数のサイン波でできていると見なせます。

だとすると，インパルスを並べたサンプル列自体も複数のサイン波から合成できるはずです。したがって，図 8.7 (a) の音波も，複数の純音が足し合わさ

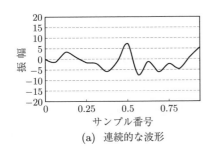 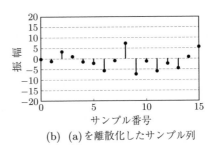

(a) 連続的な波形　　(b) (a) を離散化したサンプル列

図 8.7　波形の離散化
連続的な波形 (a) を離散化したサンプル列 (b) は，さまざまなピーク値を持つインパルスが並んだものである。

れたものと見なせるわけです。

まとめると，どんな波形でも，さまざまなピーク値を持つインパルスが並んだものといえます。その一つひとつのインパルスは，複数のサイン波からできているので，それらが並べられた波形も複数のサイン波に分解できる，ということです。

音響学において純音が基本とされるのは，あらゆる音が純音で構成されているといえるからなのです。そして，与えられた音波を，それを構成している多数の純音に分解する作業が**周波数分析**なのです。

8.4　周波数分析の本質

本書のこれまでの内容をおおむね理解できた方は，本格的に音の勉強を始めるための基礎知識が備わっているはずです。この本の役目もほぼ完了です。ということで，ここで終わらせてもかまわないのですが，読者の中には，将来，音のスペシャリストになって，専門的に音に携わりたいという人がいるかもしれません。そこで，「おまけ」として，周波数分析についても，少しだけ話をしておきたいと思います。

楽器やオーディオ機器の開発，補聴器のフィッティング，放送関係，映画やテレビ番組の制作，音楽の録音，環境アセスメント，建築，その他さまざまな

分野で音響に携わる人なら，その大半がなんらかの形で周波数分析という技術の恩恵を受けています．音響のみならず，振動や映像の解析，各種機器の設計，評価，量子力学から天文学まで，さまざまな工学および科学分野において，周波数分析が果たす役割は計り知れません．

皆さんは，周波数分析に欠かせない**フーリエ変換**（Fourier transform）という名前を聞いたことがあるでしょう．フーリエ変換の計算方法や，それを実行させるプログラムについては，文献1)〜3) など，多数の専門書で解説されています．

しかし，必ずしも，フーリエ変換の数式を覚えている人や，周波数分析のプログラムを書ける人が，周波数分析を本当に理解しているとは限りません．計算を行ったり，プログラムを書いたりするだけなら，専門書に書かれていることをそのまま真似すればすむので，周波数分析の本質を理解していなくてもできてしまうのです．オーディオ機器メーカーのエンジニアであっても，複素スペクトルの意味を完全に理解しているとは限らないのです．

また，数学が苦手な人は，「フーリエ変換なんてわかりっこない」と，はなからあきらめているかもしれません．確かにフーリエ変換の数式を理解しようとすれば，高度な数学的知識が必要になります．でも，さまざまな周波数，振幅および位相のサイン波を組み合わせればどんな波形でも合成できる，ということを理解していれば，周波数分析で行われていることの本質をイメージすることはけっして難しくないと思います．

ここでは，計算方法やプログラムを示すのではなく，周波数分析とは一体なにをやっているのか，また，フーリエ変換の結果はなにを示しているのかについて述べたいと思います．なお，ここでは表計算ソフトである Excel 2013 を使って実際に周波数分析を行います．表計算ソフトをお持ちの方は，自分でも体験してみてください．

8.4.1　周波数分析のイメージ

図 **8.8** は，フーリエ変換がなにを行っているのかを簡単に表した模式図です．

8.4 周波数分析の本質

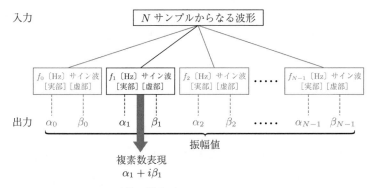

図 8.8 フーリエ変換の模式図
N サンプルの波形は N 個のサイン波に分解され，サイン波はそれぞれ実部（余弦波成分）と虚部（正弦波成分）に分けられる。フーリエ変換を行うと，入力信号を構成しているサイン波それぞれの実部，虚部の振幅値が出力される。

入力は N サンプルからなる波形です。このような場合，「分析区間長が N 点である」などといわれます。波形は，f_0〔Hz〕から f_{N-1}〔Hz〕までの N 個のサイン波から合成されていると見なされます。そして，それらのサイン波は，6.5 節で述べたように，**正弦波**成分（虚部）と**余弦波**成分（実部）に分解できます。この正弦波成分と余弦波成分の振幅により，サイン波の振幅と位相が定まるということも，6.5 節で説明ずみです。

フーリエ変換の出力は，各サイン波の実部（余弦波成分），虚部（正弦波成分）それぞれの振幅値になります。模式図では，実部の振幅を α，虚部の振幅を β という記号で表しています。

この α と β から，式 (6.12) により，サイン波の振幅を求めることができます。式 (6.13) を使えば，サイン波の位相も求められます。サイン波の振幅がわかれば，それを式 (1.6) の x に当てはめて，**デシベル**を単位とするレベル値に変換できるので，横軸を周波数，縦軸をレベルとするパワースペクトルも描けるようになるわけです。

図中にある

$$\alpha_1 + i\beta_1 \tag{8.1}$$

という式は，f_1〔Hz〕サイン波の複素数表現です．i は虚数単位という特別な数です．本書では，複素数の説明まではしませんが，将来，音響学に深く取り組む人は，このような表現を見ることになるでしょう（複素数については，例えば文献4) 参照）．でも，α，β がなにを表しているのかを理解していれば，怖気づく必要はありません．

フーリエ変換というのは，$f_0 \sim f_{N-1}$〔Hz〕のすべての周波数成分について，複素数表現を出力してくれるものなのです．そして，すべての周波数成分を複素数表現したものが複素スペクトルということになります．

8.4.2　周波数分析に挑戦しよう

ここまで，読んだだけではなかなかイメージがつかめませんね．そこで，ここからは，表計算ソフトを使って実際に周波数分析を行ってみましょう．Excel 2013 でフーリエ変換を行うには，「データ分析」というアドインを組み込んでおく必要があります．その方法は，インターネットで検索するなどして調べてください．以下，アドインが組み込みずみとして，また，読者が Excel の使い方を一通り知っているという前提で話を進めます．

（1） データを用意しよう　　今回，周波数分析の対象とする波形を図 **8.9** に示します．この波形は

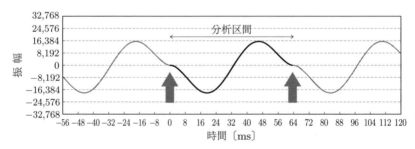

図 **8.9**　分析対象とする波形
　　周期信号の 1 周期（64 サンプル）分を周波数分析の対象区間とする．これは時刻 0 〜 64 ms の区間に相当する．周期信号なので対象区間の初めと終わり（グレーの矢印が指す部分）は途切れることなくつながっている．

$$y_t = \{(t \bmod 64) - 33\} \times 1{,}024 \times \left\{1 - \cos\left(\frac{2 \times \pi \times t}{64}\right)\right\} \quad (8.2)$$

で得られます。数式中の t は ms 単位の時間ですが，整数としてください。また，$t \bmod 64$ は，整数 t を 64 で割った余りを意味します。

この波形は周期的な信号ですが，分析の対象とするのは 1 周期分で，図の波形のうち，黒い実線で示される部分です。長さは 64 ms だということがわかります。分析する区間は周期信号の 1 周期分ですから，その初めと終わりは途切れることなくつながります。

この部分を一定のサンプリング周期で**サンプリング**し，**量子化**したサンプル列を図 **8.10** に示します。

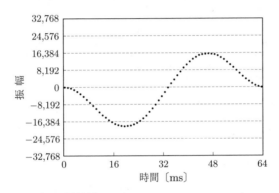

図 8.10 分析対象データ
周波数分析の対象となる波形を離散化したサンプル列。

ここで，**サンプリング周波数**は 1,000 Hz としました。したがって，1 ms に 1 サンプルとなっています。分析区間の長さが 64 ms でしたから，サンプル数は 64 個になります。フーリエ変換を行うとき，サンプル数を 2 の累乗にしておくと，高速フーリエ変換というアルゴリズムが使えるため，計算時間を大幅に節約できます[3]。Excel のフーリエ解析も高速フーリエ変換なので，サンプル数を 2 の累乗にしておく必要があります。このサンプル列をデータ化し，Excel シートに読み込んで周波数分析を行います。

8. さらに深く音を理解する

図 8.11 が Excel シートです．各列の 1 行目には，その列がなにを表しているのかがわかるようにタイトルを記入しておきます．A 列は ms 単位の時間ですが，上述のとおり，サンプリング周期も 1 ms ですので，A 列を「サンプル番号」としても問題ありません．ただし，これは，サンプリング周波数を 1,000 Hz としているためです．

	A	B	C	D	E	F
1	時間 (ms)	サンプル値	解析結果	サイン波振幅値	レベル (dB)	周波数 (Hz)
2	0	0	-65538.00	1024.03125	-24.08	0
3	1	-158	32770.3579172533+500658.775897707i	7839.533015	-6.40	15.625
4	2	-610	-0.301874375182341-111258.93163503i	1738.420807	-19.49	31.25
5	3	-1323	-0.404064269840774-27812.8575110512i	434.5758987	-31.53	46.875
6	4	-2260	1.63098631368979-11121.7034273609i	173.7766179	-39.49	62.5
7	5	-3386	1.07559090423968-5560.13319442228i	86.87708279	-45.51	78.125
8	6	-4660	2.26514472390582-3174.97863367278i	49.60905378	-50.38	93.75
9	7	-6043	-2.21516427004661-1982.32630909777i	30.97386792	-54.47	109.375
10	8	-7498	-1.29289321881431-1320.52961672027i	20.63328515	-58.00	125
11	9	-8985	-1.32979087909101-926.174407420082i	14.47149003	-61.08	140.625
12	10	-10467	-2.93122474723478-673.957499437726i	10.53068553	-63.84	156.25
13	11	-11908	-1.40866707917019-501.970173138296i	7.843314839	-66.40	171.875
14	12	-13275	-0.324423348823222-384.825931788792i	6.012907321	-68.71	187.5

図 8.11　表計算画面
Excel シートの一部．0〜12 ms しか表示していないが，実際には 63 ms までのデータがある．C 列がフーリエ解析の結果．

B 列にあるのが波形からサンプリングされ，量子化されたサンプル値です．式 (8.2) の t に A 列の数値を代入して，得られた値を整数に丸めたものです．例えば，B 列 3 行目なら，セルに

```
=ROUND((1-COS(2*PI()*A3/64))*(A3-33)*1024,0)
```

と入力すれば，-158 というサンプル値が得られるはずです．B 列の他の行についても，同様の計算でサンプル値を得てください．

（2）フーリエ解析　　分析対象のデータが用意できたところで，いよいよ Excel にフーリエ変換をさせましょう．Excel で「データ」リボンを選ぶと「データ分析」という項目が現れます．これをクリックします．「データ分析」というウィンドウが開いて，各種分析ツールが表示されます．この中から「フーリエ解析」を選んで「OK」をクリックしてください．「フーリエ解析」のウィンド

ウが開きますので,図 **8.12** に示すように,入力範囲を $B$2:$B$65,出力先を $C$2 として「OK」をクリックしてください。計算結果が C 列の 2 行目から 65 行目に表示されます。この各行の数値が, f_0〔Hz〕から f_{63}〔Hz〕までの各周波数のサイン波に関する情報になります。

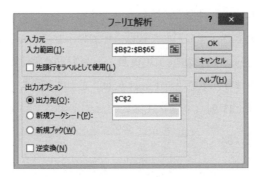

図 **8.12** フーリエ解析ウィンドウ

例えば,C 列 3 行目には

32770.3579172533+500658.775897707i

という数値があります。桁数が多くてまぎらわしいですが,○○.○○+△△.△△i という形になっていますね。○○.○○と△△.△△の部分はともに実数なので,これらを α, β とすると,ほとんどの行が

$$\alpha + \beta i \tag{8.3}$$

という形式の数値になっていることがわかります。サイン波の情報が複素数表現で表されているのです。勘のいい人は察していると思いますが,この α と β がサイン波の余弦波成分,正弦波成分の振幅なのです。

さて,ここで注意してください。B 列のサンプル値は,時間軸上に並んだサンプルの値です。これに対し,C 列のデータは,各行が(時間ではなく)各周波数の情報を表しています。このように,フーリエ解析を実施すると,時間軸の情報が周波数軸の情報に変換されるのです。

168　　8.　さらに深く音を理解する

（**3**）**パワースペクトルを描こう**　　$f_0 \sim f_{63}$〔Hz〕の各サイン波に関する情報が得られたところで，これをもとに，Excel の表機能を利用してパワースペクトルをグラフ化してみましょう。

　パワースペクトルの縦軸は，デシベルを単位とするレベル値ですから，C 列のデータをレベル値に変換しなくてはなりません。

　各サイン波の大きさ，すなわち振幅は，すでに示してきたように，当該サイン波を構成する実部（余弦波成分）と虚部（正弦波成分）の振幅から，式 (6.12) によって求められます。しかし，Excel には，これを簡単に求められる関数が用意されています。D 列 3 行目のセルに

　　=IMABS(C3)/64

と入力してください。7839.533015 という計算結果が表示されるはずです。ここで使用する IMABS という関数は，複素数の絶対値を求める関数で

$$\alpha + \beta i \tag{8.4}$$

を与えると

$$\sqrt{\alpha^2 + \beta^2} \tag{8.5}$$

を返してくれるのです。ちなみに，Excel には，IMARGUMENT という関数も用意されています。これは，複素数からその位相，すなわち

$$\arctan \frac{\beta}{\alpha} \tag{8.6}$$

を求めます。ですから，サイン波の位相が知りたい場合は IMABS ではなく IMARGUMENT を使うことになります。

　上記のとおり，D 列 3 行目のセルでは，IMABS(C3)/64 と入力しました。IMABS で求めた値を 64 で割っていますが，フーリエ変換で得られる値は，サンプル数分増幅されており，補正が必要なのです。今回の例でサンプル数は 64 なので，単純に 64 で割っているのです。

8.4 周波数分析の本質

D 列の他の行も同様に計算すれば，周波数ごとのサイン波の振幅が得られます．つぎは，得られた振幅値をデシベルを単位とするレベル値に変換します．それには，x を振幅値として

$$20 \times \log_{10}\left(\frac{x}{基準値}\right) \tag{8.7}$$

を求めればよいわけです．E 列の 3 行目に

```
=20*LOG10(D3/16384)
```

と入力すると，-6.40 という結果が得られます．今回の例では，基準値に特に意味はありませんが，ここでは 16,384 を基準値としました．これは，振幅が 16,384 のサイン波のレベルが 0 dB になるという意味です．

E 列の他の行についても，同様にしてレベルを求めてください．求めたレベルを周波数の関数としてグラフ化すればパワースペクトルの完成・・・なのですが，まだ一つ問題が残っています．

パワースペクトルの横軸は，いうまでもなく周波数です．ここまで，各周波数のことを，$f_0 \sim f_{63}$ 〔Hz〕と，記号で表してきました．グラフ化するには，これをきちんと数値化しなくてはなりません．f_0〔Hz〕というのは，直流成分，すなわち 0 Hz ですが，それ以外の $f_1 \sim f_{63}$〔Hz〕はそれぞれ何ヘルツになるのでしょうか．

今回分析したサンプル列は，サンプリング周波数が 1,000 Hz でした．これが周波数の範囲になります．つまり，0 Hz から 1,000 Hz まで（ただし 1,000 Hz は含めない）です．そして，周波数成分数は f_0 から f_{63} までの 64 個です．64 個で 1,000 Hz をカバーしているわけです．ですから，成分 1 個当りの周波数幅（これを周波数分解能といいます）は

$$\frac{1{,}000}{64} = 15.625 \text{ Hz} \tag{8.8}$$

となります．

f_0 は直流成分，f_1 は 15.625 です．あとは f_1 の整数倍で

$$f_2 = f_1 \times 2 = 31.25$$

170　8. さらに深く音を理解する

$$f_3 = f_1 \times 3 = 46.875$$
$$f_4 = f_1 \times 4 = 62.5$$
$$\vdots$$
$$f_{63} = f_1 \times 63 = 984.375 \tag{8.9}$$

となり，f_{63} は 984.375 になります。図 8.11 の F 列がこの周波数です。例えば，F 列 3 行目のセルには

=1000/64*A3

と入力します。

これでようやくパワースペクトルが描けます。F 列の周波数を横軸にして，E 列のレベル値をプロットしたのが**図 8.13** です。グラフ化することにより，もとの信号に，どの周波数成分がどのくらいのレベルで含まれていたのかが，わかりやすくなりました。ただ，500 Hz を中心に上下対称になっていますね。このように周波数分析で求められるスペクトルは，サンプリング周波数の半分で折り返す形，いわゆる鏡像になります。このため，通常，パワースペクトルは周波数軸の下側半分だけを表示しています。

パワースペクトルについては 5.5 節で解説しましたが，実際にパワースペクトルを描いてみることで，より一層理解が深まったのではないでしょうか。

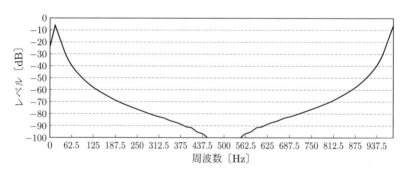

図 **8.13**　周波数分析の結果
周波数分析によって求められたパワースペクトル。

8.4.3 補　　　足

（1）　エイリアシング　　上記のとおり，フーリエ変換によって得られるパワースペクトルは，サンプリング周波数の半分を境とした鏡像になります。では，どうして鏡像になるのでしょうか。

図 **8.14** (a) は，125 Hz の純音波形（実線）と，それをサンプリング周波数 1,000 Hz でサンプリングしたデータ（×）を表しています。サンプリング周波数が 1,000 Hz なので，1 ms に一つのデータがあります。

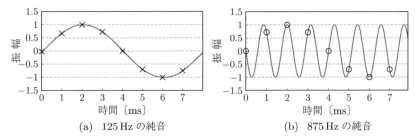

(a)　125 Hz の純音　　　　　(b)　875 Hz の純音

図 **8.14**　サンプリングされた純音
125 Hz の純音 (a) と 875 Hz の純音 (b) をそれぞれサンプリング周波数 1,000 Hz でサンプリングした。サンプルを ×（図 (a)），○（図 (b)）で示している。

一方，図 (b) は，875 Hz の純音波形（実線）と，それをサンプリングしたデータ（○）を示しています。こちらもサンプリング周波数は 1,000 Hz です。

この二つの図を重ねたのが，図 **8.15** です。実線で表した波形は異なっていますが，サンプリングされたそれぞれのデータは，完全に重なっています。このため，1,000 Hz でサンプリングしたとき，125 Hz と 875 Hz の信号は区別できなくなるのです。サンプリング周波数 1,000 Hz で 125 Hz の信号をフーリエ変換すると，125 Hz だけでなく，875 Hz にもスペクトル成分が現れてしまうのです。このような現象を偽信号，または**エイリアシング**（aliasing）といいます。

125 Hz と 875 Hz は，500 Hz を挟んでちょうど鏡像になる周波数です。このようにして，パワースペクトルは，サンプリング周波数の半分を境にして上下対称になるわけです。

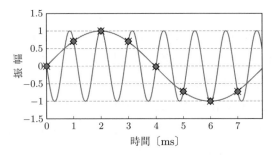

図 8.15 エイリアシング
125 Hz の純音と 875 Hz の純音をサンプリング周波数 1,000 Hz でサンプリングすると，まったく同じデータになる．×は 125 Hz 純音，◇は 875 Hz 純音をそれぞれサンプリングしたサンプル．

125 Hz の信号をフーリエ変換すると，875 Hz にもスペクトル成分が現れる，といいましたが，逆に 875 Hz に信号があると，鏡像関係にある 125 Hz にエイリアシングが現れてしまいます．このため，**デジタル**オーディオを扱う場合，サンプリング周波数の半分よりも高域側の信号をあらかじめ除去しておく必要があります．CD-DA のサンプリング周波数は 44,100 Hz なので，録音時には，その半分である 22,050 Hz よりも高い周波数成分を，フィルタリングという処理により除去しています．

回転しているヘリコプターのプロペラを撮影し，それを再生して見るとき，プロペラが実際の回転速度よりもゆっくり動いているように見えることがありますね．これも映像のコマ数の関係で，高速な動きを捉え切れず，代わりにその低域側のエイリアシングが発生しているわけです．

（2）窓 処 理　なにはともあれ表計算ソフトを使って周波数分析ができましたね．でも，ちょっと納得できないという人もいるのではないでしょうか．

今回分析した信号（図 8.10）は，周期信号の 1 周期分でした（図 8.9）．これは，フーリエ変換を行うときには，対象区間が繰り返される周期信号を前提とするからです．

しかし，実際に分析したい音が周期信号だとは限りません．また，かりに周期信号だとしても，分析区間長が都合良く信号の 1 周期に一致することは考え

8.4 周波数分析の本質

られません。

そこで，実際に周波数分析を活用するときには，分析区間に窓処理を施すのが一般的です。窓処理を簡単に説明すると，分析区間の初めの部分はフェードイン，終わりの部分はフェードアウトさせることによって，初めと終わりが滑らかにつながるようにすることです。

例えば，周波数分析の対象が図 **8.16** に示す波形だとします。この波形は，初めと終わりが不連続ですので，このままでフーリエ変換しても求めたいスペクトルは得られません。

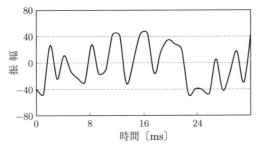

図 **8.16** 窓処理前の波形

そこで，この波形に図 **8.17** (a) に示す信号をかけ合わせます。かけ合わせる信号を**窓関数**といいます。この窓関数は，始まりが緩やかにフェードインし，終わりも緩やかにフェードアウトしているのがわかりますね。窓関数をかけた結果が図 (b) の波形です。この波形なら，滑らかに始まって滑らかに終わっているのでフーリエ変換が行えます。ところが，窓処理を施すと，もとの波形の情報が部分的に失われてしまいます。さらに，窓関数といってもさまざまな種類があります[2]。

というように，実際に周波数分析を使いこなすには，まだまだ覚えることがいくつもあります。それについては，各自でこれから勉強していってください。また，本章で体験したことを参考にして，自分でもさまざまな信号を周波数分析してみてください。慣れてくると，信号の波形から，その信号のパワースペクトルがどんな形状になるか，おおよその見当がつくようになるでしょう。

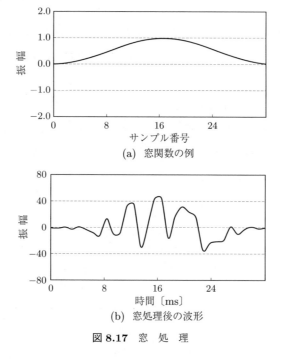

(a) 窓関数の例

(b) 窓処理後の波形

図 8.17　窓　処　理

8.5　お　さ　ら　い

この章の前半（および 6 章）で述べたことをまとめると

- どのような音（波）も，複数の純音（サイン波）に分解できる
- その純音（サイン波）は，さらに正弦波成分（虚部）と余弦波成分（実部）に分解できる
- 純音（サイン波）の振幅と位相は，実部と虚部，それぞれの振幅で定まる

ということです。そして，これらは，後半で紹介した周波数分析の本質につながっているのです。

いかがでしょう，音について，また音響学について，ある程度はイメージがつかめたでしょうか。書籍は 2 次元の媒体ですが，音は 3 次元空間の中で伝搬し

たり反射したりしているということも，日ごろから意識しておいてください。

最後まで読んでくださった皆さんは，目で見ることのできない音をイメージすることから始めて，ついには自分で周波数分析を行い（実際には表計算ソフトの力を借りましたが），パワースペクトルを描いたわけですから，音のスペシャリストへの長い階段を一段上ったといえるでしょう。

引用・参考文献

1) 小暮陽三, "なっとくするフーリエ変換," 講談社, 2008
2) 城戸健一, "ディジタルフーリエ解析 (I)," コロナ社, 2009
3) 青木直史, "C 言語ではじめる音のプログラミング," オーム社, 2008
4) 鷹尾洋保, "複素数のはなし," 日科技連, 2006

索引

【あ】

アナログ　　　74, 79, 82, 84,
　　　　　　　89, 91–94
あぶみ骨　　　29, 31–33

【い】

位　相　　　23, 27, 124,
　　　　128–130, 132–134,
　　　　143, 149, 156, 160,
　　　　162, 163, 168, 174
陰影聴取　　　45
咽　頭　　　63
インパルス　　143, 145–148,
　　　　155, 156, 158, 160, 161

【え】

エイリアシング　　171, 172
円周率　　　125, 126

【お】

オージオグラム　　55, 56
音　圧　　　17, 18, 60, 61, 83,
　　　　98–100, 104–106, 109,
　　　　119, 139, 148–151, 153
音圧レベル　　19, 20, 39–42,
　　　　48, 49, 54, 55, 63,
　　　　107–111, 113
音　階　　　13–15
音響エネルギー　　148, 150
音源定位　　　30, 31, 51
音　速　　　22, 65, 101,
　　　　149, 152, 153

【か】

開口端　　　25
外　耳　　　29–31, 38, 42,

　　　　　　　　　43, 56
外耳道　　　29, 30, 34, 46
外耳道閉鎖症　　　44
回　折　　　22, 23
解像度　　　80–83, 85, 87
階　調　　　82, 83, 87, 88
蓋　膜　　　37, 38
外有毛細胞　　　39
蝸　牛　　　31–39, 43–46,
　　　　　　　57, 110
拡散減衰　　　151
角速度　　　121
カクテルパーティ効果　　53
画　素　　　80–83, 85, 87, 88
可聴周波数　　　55, 86
活動電位　　　34, 35, 38, 39
感音性難聴　　　57, 58
干　渉　　　23–25, 107, 153

【き】

気　圧　　　3, 8, 10, 16, 17,
　　　　19, 20, 25, 34, 69,
　　　　97, 98, 152, 153
基底膜　　　36–39, 43
気　導　　　42, 44–46, 56
気導聴力検査　　　45
きぬた骨　　　29, 31–33
基本周波数　　14, 15, 62, 63,
　　　　66, 67, 101, 103,
　　　　110, 114, 115, 117,
　　　　118, 144, 145
嗅　覚　　　28, 51
吸収減衰　　　151
球面波　　　150–153
共　振　　　24
共　鳴　　　23–25, 27, 30,
　　　　　　　59, 63–67

共鳴周波数　　23, 63–67, 107
共鳴胴　　　63
虚数単位　　　134, 164

【く】

空気の振動　　　3, 10
空気の粒子　　　7–9
クロスヒヤリング　　45

【こ】

口　腔　　　59, 63
交叉聴取　　　45
高調波　　62, 63, 67, 144, 145
喉　頭　　　14, 59, 60, 63, 64
喉頭原音
　　　　59–63, 67, 102, 114
骨伝導　　　42, 43
骨　導　　　42–46, 56, 61
骨導聴力検査　　45, 46, 56
固定端　　　25–27, 64
固定端反射　　　26, 65
弧度法　　　124–128, 130
鼓　膜　　　29–33, 43–46, 57
固有振動数　　　67

【さ】

最小可聴値
　　　　39–42, 48–50, 56
サイン波　12, 112, 113, 130,
　　　　132–134, 139–141, 143,
　　　　145–147, 149, 156, 158,
　　　　160–164, 167–169, 174
サウンドインテンシティ　148
三角関数　　12, 129, 135, 136
三角波　　　144, 145
サンプリング
　　　　83–87, 91, 165, 166, 171

索　引　177

サンプリング周期
　　*84, 85, 91, **160**, 165, 166*
サンプリング周波数
　　*84–90, 92, 95, **113**,
　　165, 166, 169–172*

【し】

耳　介　　　　　　*29–31*
視　覚　　　　　*6, 28, **51***
指向性　　　　　*153, 154*
耳小骨　　*29, 31, 33, 34,
　　37, 43, 44, 46*
耳小骨筋反射　　　*33*
実効音圧　　　　*98, 106*
実効値　　　*98, 105, 106*
周　期　　*5, 11–15, 23, **62**,
　　63, **100**–103, 114, **122**,
　　123, 130, **139**, 141,
　　144, **160**, 165, 172*
自由端　　　*25, 27, 64*
自由端反射　*25, 26, 65*
周波数　*10–15, 22, 23, **30**,
　　31, 35, 37–42, 48–50,
　　56–58, 62–64, 67, **89**,
　　101, 107–118, **123**,
　　124, 128, 129, 132–134,
　　139–141, 143–147, 149,
　　153–**156**, 158, 160,
　　162–164, 167, 169–172*
周波数帯域
　　*41, 42, **86**, 89, 96, **145***
周波数特性　*106–110, **147***
周波数分解能　　*58, 169*
周波数分析　*95, 111–113,
　　116, 118, **134**, 155,
　　161, 162, 164, 165,
　　170, 172–174*
十六進数　　　　　*78*
十六進法　　　　　*72*
十進法　　　　　*70, 72*
受話器　　　　　*40, 45*
純　音　*12, 13, **42**, 49, 50,
　　100, 101, 103, 105, 107,*

*108, 112, 119, **139**–141,
143, 148, 149, 151, **160**,
　　　　　　161, 171, 174*
瞬時圧力　　　　　*98*
瞬時音圧　　*98, 103–106*
瞬時振幅　*99, 104, 105, 116*
触　覚　　　　　　*28*
視　力　　　　　*54, 55*
神経線維　　　　　*38*
振動子　　　*43, 45, 56*
振動板　　　　　　*5*
振　幅　*16, 21, 24, 65, 66,
　　93, 99–106, 108, 114,
　　122–124, 128, 129,
　　132–135, **139**, 140, 146,
　　156, 158, 160, 162, 163,
　　　　　　167–169, 174*
心理量　　　　　　*16*

【す】

スイープ音　　　　*108*
頭蓋骨　　　　　*43–45*

【せ】

静　圧　　　*98, 99, 105*
正規化　　　　　*99, 102*
正弦波　*12, 119, **122**–124,
　　128–130, 132–134,
　　163, 167, 168, 174*
声　帯　　*5, 14, 15, 44, 59,
　　60, 63, **102**, 111, 114*
声　道
　　59, 63, 64, 66, 67, 111
声　紋　　　　　　*116*
声　門
　　*14, 59, 60, 62, 63, **102***
絶対値　　　　*104–106*
接頭辞　　　　　*72, 73*
前庭窓　　　*32, 34, 37*

【そ】

疎　　　　　　　*8–10*
疎密波　*3, 10, 60, 97, 98*

【た】

対　数　*18, 19, **109**, 143*
対数スケール　*109, 113*
ダイナミックレンジ　*89, 91*
単位円　　　*125, 126, 136*

【ち】

中　耳　　*29, 34, 37–39,
　　42, 43, **56**, 57*
中耳筋　　　　　*33, 39*
中耳反射　　　　　*33*
超音波　　　　　　*42*
聴　覚　　*28, 29, 38, 39, 41,
　　47, **50**, 53, 54, 63, **109***
聴神経
　　*34, 35, 37–39, 46, **110***
調波構造　　　　　*144*
調波複合音　*143–145, 148*
聴　力
　　*17, **39**, 41, 54, 56, 57*
聴力検査　*12, 40, 50, 55, 56*
聴力図　　　　　　*55*
聴力レベル　　　*55, 56*
直流成分　　*156, 158, 169*
直交座標系
　　120, 125, 135, 136

【つ】

つち骨　　　*29, **31**–33*

【て】

定在波　*25, 65, 66, 152, 153*
デジタル　*69–**70**, 71, 74,
　　75, 78–80, 82–84, 86,
　　87, 89, 91–96, **99**, 100,
　　　　　　105, 113, **172***
デシベル
　　19, 49, 163, 168, 169
データ転送レート
　　　　　　71, 73, 82, 88
点音源　*149–150, 152–154*
伝音性難聴　　　　*57*

143–148, 155, **156**, 158,
			160, 163, 168–171, 174
反　射　　　**21**–27, 30, 107

【と】

等ラウドネスレベル曲線
			48–50

【な】

内　耳　　**29**, 31, 34, 38, 39,
	42–44, **50**, 56, 57, **110**
難　聴　　　45, 46, 50, 55,
			57, 58, **111**

【に】

二進数
		70, 72, 75, 78, 92, 95
二進接頭辞　　　　**73**, 83
二進法　　　　　　**70**, 72
乳様突起　　　　　**43**, 45

【ね】

ネイピア数　　　　　**134**

【の】

脳　幹　　　　　　　　**38**

【は】

肺　　**5**, 13, 14, **44**, 59, 60, 63
白色雑音　　　143, **146**–148,
			155, 158, 160
波　形　　　**5**, 6, 10–16, 23,
		24, 26, 27, **84**–86, 89,
		98–105, 111, 113–117,
		119, **122**, 123, 130, 132,
		139–141, 143–148, **156**,
		158, 160–166, 171, 173
パスカル　　　　　　**16**, 17
波　長　　　　**23**, 64–66, **101**,
		114, **147**, 149, 153, 154
発声器官　　　　　　　**59**
波　面　　　　　　**149**–153
破裂音　　　　　　**61**, 102
パワースペクトル
		111–117, **140**, 141,

【ひ】

鼻　腔　　　　　　　**61**, 63
ピッチ　　　　**62**, **144**, 145
ビットマップ
		75, 79, 81–83, 85, 87, 88
ビットレート　　　　　**71**

【ふ】

フォルマント
		62–64, 101, 110, 114, 117
フォルマント周波数
			63, 64, 67
複合音　　　**12**, 13, **50**, 110,
		112, 113, **139**, 141,
		143, 145, 148
物理量　　　　　　　**16**, 18
不動毛　　　**37**, 38, 43, 57
フーリエ変換
		162–166, 168, 171–173
フルスケール　　　**100**, 113
分析窓　　　　　　**117**, 118

【へ】

閉口端　　　　　　　　**25**
平面波　　　　　　**151**–153
ヘクトパスカル　　　**16**, 17
ヘルツ　　　　　　　**11**, 169

【ほ】

補聴器　　**44**, 109, 110, 161
ホ　ン　　　　　　　　**49**

【ま】

マイクロパスカル　　　**17**
窓関数　　　　　　　　**173**

【み】

味　覚　　　　　　　　**28**

密　　　　　　　　　**8**–10

【む】

無声音　　**57**, 59–61, 115

【も】

モスキート音　　　**54**, 55

【ゆ】

有声音　　　**59**–62, 66, 67,
		102, 114, **144**
有毛細胞
	34, 37–39, 43, 50, 57

【よ】

余弦波　　　　**122**, 128–130,
		132–134, **163**, 167,
		168, 174

【ら】

ラウドネス　　**48**, 50, 63
ラジアン　　　　　　**126**

【り】

リクルートメント現象　**58**
リニアスケール　**109**, 113,
			114, 143
リニア PCM　**83**, 86–88, 95
量子化
	83, 87–92, 99, 165, 166
量子化雑音　　　　**89**–91
量子化ビット数
		87–92, 95, 99, 100
両耳間強度差　　　**52**, 54
両耳間時間差　　　**52**, 54
リンパ液
		32–34, 36, 37, 43, 44

【ろ】

老人性難聴　　　　**56**, 57

索引

【A】
ASCII　　　　　　**76**, 78

【I】
ISO　　**39**, **42**, **49**, **50**, **56**

【L】
log　　　　　　　　　　*18*

【M】
missing fundamental　　*145*

【P】
pure tone　　　　　　　*139*

【R】
residue pitch　　　　　*145*

【S】
SI 接頭辞　　**72**, *73*, *83*

【W】
WAV　　　　　　　**83**, *88*
white noise　　　　　*147*

―― 著者略歴 ――

坂本　真一（さかもと　しんいち）
1989年　工学院大学電気工学科卒業
1991年　工学院大学大学院修士課程修了（電気工学専攻）
1991年　リオン株式会社勤務
2003年　博士（工学）（工学院大学）
2006年　リオン株式会社退社
2006年　株式会社オトデザイナーズ代表取締役
2015年　九州大学客員教授
〜18年
2015年　京都光華女子大学客員教授
　　　　現在に至る

蘆原　郁（あしはら　かおる）
1986年　筑波大学第二学群人間学類卒業
1991年　筑波大学大学院心身障害学研究科博士課程修了（心身障害学専攻），学術博士
1992年　工業技術院電子技術総合研究所勤務
2001年　産業技術総合研究所勤務
2023年　産業技術総合研究所退職

「音響学」を学ぶ前に読む本
Very first step in acoustics

© Shinichi Sakamoto, Kaoru Ashihara 2016

2016 年 8 月 26 日　初版第 1 刷発行
2024 年 12 月 15 日　初版第 6 刷発行

検印省略	著　者	坂　本　真　一
		蘆　原　　　郁
	発行者	株式会社　コロナ社
		代表者　牛来真也
	印刷所	三美印刷株式会社
	製本所	有限会社　愛千製本所

112-0011　東京都文京区千石 4-46-10
発行所　株式会社　コロナ社
CORONA PUBLISHING CO., LTD.
Tokyo Japan
振替 00140-8-14844・電話(03)3941-3131(代)
ホームページ　https://www.coronasha.co.jp

ISBN 978-4-339-00891-3　C3055　Printed in Japan　（新宅）

〈出版者著作権管理機構 委託出版物〉
本書の無断複製は著作権法上での例外を除き禁じられています。複製される場合は，そのつど事前に，出版者著作権管理機構（電話 03-5244-5088，FAX 03-5244-5089，e-mail: info@jcopy.or.jp）の許諾を得てください。

本書のコピー，スキャン，デジタル化等の無断複製・転載は著作権法上での例外を除き禁じられています。購入者以外の第三者による本書の電子データ化及び電子書籍化は，いかなる場合も認めていません。
落丁・乱丁はお取替えいたします。

音響学講座
(各巻A5判)

■日本音響学会編

	配本順				頁	本体
1.	(1回)	基礎音響学	安藤彰男編著		256	3500円
2.	(3回)	電気音響	苣木禎史編著		286	3800円
3.	(2回)	建築音響	阪上公博編著		222	3100円
4.	(4回)	騒音・振動	山本貢平編著		352	4800円
5.	(5回)	聴覚	古川茂人編著		330	4500円
6.	(7回)	音声(上)	滝口哲也編著		324	4400円
7.	(9回)	音声(下)	岩野公司編著		208	3100円
8.	(8回)	超音波	渡辺好章編著		264	4000円
9.	(10回)	音楽音響	亀川徹編著		316	4700円
10.	(6回)	音響学の展開	安藤彰男編著		304	4200円

音響入門シリーズ

(各巻A5判, ○はCD-ROM付き, ☆はWeb資料あり, 欠番は品切です)

■日本音響学会編

	配本順			頁	本体
○ A-1	(4回)	音響学入門	鈴木・赤木・伊藤・佐藤・苣木・中村 共著	256	3200円
○ A-2	(3回)	音の物理	東山三樹夫著	208	2800円
○ A-4	(7回)	音と生活	橘・田中・上野・横山・船場 共著	192	2600円
☆ A-5	(9回)	楽器の音	柳田益造編著 髙橋・西口・若槻共著	252	3900円
○ B-1	(1回)	ディジタルフーリエ解析(I) ―基礎編―	城戸健一著	240	3400円
○ B-2	(2回)	ディジタルフーリエ解析(II) ―上級編―	城戸健一著	220	3200円
☆ B-4	(8回)	ディジタル音響信号処理入門 ―Pythonによる自主演習―	小澤賢司著	158	2300円

(注:Aは音響学にかかわる分野・事象解説の内容,Bは音響学的な方法にかかわる内容です)

定価は本体価格+税です。
定価は変更されることがありますのでご了承下さい。

図書目録進呈◆

音響サイエンスシリーズ

(各巻A5判,欠番は品切,☆はWeb資料あり)
■日本音響学会編

				頁	本体
1.	音色の感性学☆ ―音色・音質の評価と創造―	岩宮 眞一郎 編著		240	3400円
2.	空間音響学	飯田一博・森本政之 編著		176	2400円
3.	聴覚モデル	森 周司・香田 徹 編		248	3400円
4.	音楽はなぜ心に響くのか ―音楽音響学と音楽を解き明かす諸科学―	山田真司・西口磯春 編著		232	3200円
6.	コンサートホールの科学 ―形と音のハーモニー―	上野 佳奈子 編著		214	2900円
7.	音響バブルとソノケミストリー	崔 博坤・榎本尚也 原田久志・興津健二	編著	242	3400円
8.	聴覚の文法 ―CD-ROM付―	中島祥好・佐々木隆之 上田和夫・G.B.レメイン	共著	176	2500円
10.	音場再現	安藤 彰男 著		224	3100円
11.	視聴覚融合の科学	岩宮 眞一郎 編著		224	3100円
13.	音と時間	難波 精一郎 編著		264	3600円
14.	FDTD法で視る音の世界☆	豊田 政弘 編著		258	4000円
15.	音のピッチ知覚	大串 健吾 著		222	3000円
16.	低周波音 ―低い音の知られざる世界―	土肥 哲也 編著		208	2800円
17.	聞くと話すの脳科学	廣谷 定男 編著		256	3500円
18.	音声言語の自動翻訳 ―コンピュータによる自動翻訳を目指して―	中村 哲 編著		192	2600円
19.	実験音声科学 ―音声事象の成立過程を探る―	本多 清志 著		200	2700円
20.	水中生物音響学 ―声で探る行動と生態―	赤松 友成・木村 里子 市川 光太郎	共著	192	2600円
21.	こどもの音声	麦谷 綾子 編著		254	3500円
22.	音声コミュニケーションと障がい者	市川 熹・長嶋祐二 岡本 明・加藤直人 酒向慎司・滝口哲也 原 大介・幕内 充	共著編著	242	3400円
23.	生体組織の超音波計測	松川 真美・山口 匡 長谷川 英之	編著	244	3500円

以下続刊

笛はなぜ鳴るのか 足立 整治 著
―CD-ROM付―

定価は本体価格+税です。
定価は変更されることがありますのでご了承下さい。

図書目録進呈◆